大数据统计分析基础

微课版

王佳鸣 訾燕 芦晓莉 主编
陈丽莉 常红 副主编
刘秀荣 黄玉娟 参编

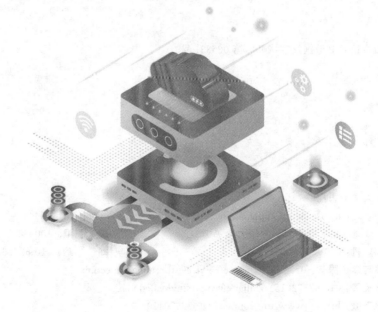

清华大学出版社
北京

内 容 简 介

本书适应了大数据时代对人才培养的需求,通过将数据处理技术与传统的统计学知识相结合,在内容上设置了大数据概述与SPSS基础知识、数据文件的建立与数据处理、数据的描述性分析、抽样推断与参数估计、数据可视化分析、假设检验、相关分析、线性回归分析、时间序列分析与统计预测、编制数据分析报告十个项目。本书将理论知识与实操能力的培养相结合,同时每个项目的结尾加入了课程思政的案例,并配有微课、课件、教案、习题、数据等教学资源,能够满足课堂教学的需求。本书既可以作为高职高专财经类专业数据分析课程的教学使用,也可以作为数据分析工作者的日常参考用书。

本书封面贴有清华大学出版社防伪标签,无标签者不得销售。
版权所有,侵权必究。举报: 010-62782989, beiqinquan@tup.tsinghua.edu.cn。

图书在版编目(CIP)数据

大数据统计分析基础: 微课版/王佳鸣,訾燕,芦晓莉主编. —北京: 清华大学出版社,2023.5
ISBN 978-7-302-62712-8

Ⅰ. ①大… Ⅱ. ①王… ②訾… ③芦… Ⅲ. ①统计数据-统计方法-高等职业教育-教材 Ⅳ. ①O212.1

中国国家版本馆CIP数据核字(2023)第026831号

责任编辑: 张 弛
封面设计: 刘 键
责任校对: 刘 静
责任印制: 杨 艳

出版发行: 清华大学出版社
网　　址: http://www.tup.com.cn, http://www.wqbook.com
地　　址: 北京清华大学学研大厦A座
邮　　编: 100084
社 总 机: 010-83470000
邮　　购: 010-62786544
投稿与读者服务: 010-62776969, c-service@tup.tsinghua.edu.cn
质量反馈: 010-62772015, zhiliang@tup.tsinghua.edu.cn
课件下载: http://www.tup.com.cn, 010-83470410

印 装 者: 北京嘉实印刷有限公司
经　　销: 全国新华书店
开　　本: 185mm×260mm
印　　张: 11.25
字　　数: 270千字
版　　次: 2023年7月第1版
印　　次: 2023年7月第1次印刷
定　　价: 49.00元

产品编号: 094582-01

前 言
FOREOWRD

2022年10月16日,中国共产党第二十次全国代表大会在北京召开。大会提出要建设现代化产业体系,坚持把发展经济的着力点放在实体经济上,推进新型工业化,加快建设制造强国、质量强国、航天强国、交通强国、网络强国、数字中国。实施产业基础再造工程和重大技术装备攻关工程,支持专精特新企业发展,推动制造业高端化、智能化、绿色化发展。另外,产业智能化,数字化改造升级离不开大数据的飞速发展,大数据已经在各个领域推动了现代化产业体系的构建。

同时,大会提出要办好人民满意的教育。教育是国之大计、党之大计。培养什么人、怎样培养人、为谁培养人是教育的根本问题。育人的根本在于立德。全面贯彻党的教育方针,落实立德树人根本任务,培养德智体美劳全面发展的社会主义建设者和接班人。因此,职业教育更应当坚持课程思政导向,坚持"思政引领,立德树人"。

随着大数据时代的到来,对数据进行统计、分析和学习变得尤为重要。大数据被应用在社会生活的各个方面,如财务分析、金融量化分析、机器学习和人工智能等。同时,对各类财务和会计数据的处理与分析成为财务管理与会计工作的核心内容,如数据的采集、编码、分类、核验、运算以及数据文件的管理和数据指标的一般性描述,如样本量、最小值、最大值、平均值等。缺少对不同数据指标之间关系的推断统计与分析,就不能发现财会数据指标之间的差异性和相关性,难以为企业财务决策提供更为科学有效的统计依据。

在财会相关软件上,目前也多局限于Excel、金蝶、用友等专业财务管理软件的应用,而SPSS、Eviews等统计分析软件的应用则非常匮乏。在现代社会,产品开发、市场研究与预测及投资管理等企业决策越来越依赖财务数据的分析,对财会数据的统计分析也越来越得到管理者的重视,这一趋势可以体现在市场研究专员、数据分析师、投资分析师、财务分析师和精算师等数据统计分析人才需求持续旺盛上。因此,财会专业学生及从业人员必须紧跟形势,学习掌握数据统计分析的基本原理和软件操作,提高自身数据统计分析技能,成为不仅会做账和管理数据,还会对数据进行统计分析并能做出财务决策的高级财会人才。

本书是一本大数据时代统计学应用的教材,从大数据概念、思维方法、系统架构及应用领域几个方面进行了简要介绍,再从分析的理论、方法和SPSS软件操作三个层次介绍了大数据分析的完整过程。数据分析强调数据分析理论、数据分析方法及与软件的衔接,在操作上以SPSS For Windows软件为基础。关于数据分析的方法,本书主要介绍了大数据、数据预处理、数据可视化、描述性分析、参数估计、假设检验、相关分析、回归分析、时间序列分析、编制统计分析报告,并以大量实例和可视化的风格介绍了上述数据分析方法的SPSS操作步骤以及输出结果的解释与分析。

本书主要包括以下几个方面的特点。

1. 理实一体，配套大量数据和实训案例

本书所涉及的案例都是财务管理、会计以及经济管理工作过程中经常使用到的数据，均来自公开资源的财务数据(少数为经济数据和管理数据)，在实践教学的同时还配有相应的理论介绍，因而能够充分满足教学的需要。

2. 立德树人，注重课程思政的融入

本书在每一个项目结束的最后配有相应的"思政点滴"环节，在加强大数据分析思维培养的同时，注重学生正确价值观的培养，真正做到德育和智育相结合，加强对学生思想道德方面的培养。

3. 资源丰富，充分满足教学需要

本书在提供教材供教学使用的同时，还配套大量的课程资源，如课程标准、教案、教学课件、数据包、微课资源等。全方位多角度满足教师和学生对于教学和学习的需要。

本书的编写人员为济南职业学院会计和财务管理领域的一线教师，他们长期从事会计和财务管理相关课程的教学工作。本书由王佳鸣、訾燕、芦晓莉担任主编，陈丽莉、常红担任副主编，刘秀荣、黄玉娟参编。具体分工如下：王佳鸣负责项目三、项目五～项目七的编写，訾燕负责项目一和项目二的编写，芦晓莉负责项目十的编写，陈丽莉负责项目九的编写，常红负责项目八的编写，刘秀荣和黄玉娟负责项目四的编写。全书由王佳鸣统稿和定稿。

由于编写人员知识和经验有限，书中难免有疏漏之处，恳请读者提出批评与建议，以便今后修改和完善。

编　者

2023 年 3 月

教案课标习题　　　　教学课件　　　　配套数据

目 录
CONTENTS

项目一　大数据概述与 SPSS 基础知识 ·· 1
　　任务一　了解大数据 ··· 1
　　任务二　认识大数据应用与安全 ·· 6
　　任务三　了解 SPSS 统计软件 ·· 8
　　本章小结 ··· 11
　　技能训练 ··· 11

项目二　数据文件的建立与数据处理 ·· 13
　　任务一　定义变量属性 ·· 13
　　任务二　获取外部数据 ·· 18
　　任务三　数据处理 ··· 22
　　本章小结 ··· 36
　　技能训练 ··· 37

项目三　数据的描述性分析 ··· 39
　　任务一　认识变量类型 ·· 39
　　任务二　认识描述统计量 ··· 40
　　任务三　用 SPSS 进行描述性统计 ·· 45
　　任务四　认识频数分析 ·· 47
　　任务五　用 SPSS 进行频数分析 ··· 51
　　本章小结 ··· 54
　　技能训练 ··· 55

项目四　抽样推断与参数估计 ··· 57
　　任务一　认识抽样推断 ·· 58
　　任务二　认识抽样误差 ·· 59
　　任务三　认识抽样方法 ·· 60
　　任务四　认识参数估计 ·· 62
　　任务五　用 SPSS 进行抽样推断 ··· 65

本章小结 ·· 69
技能训练 ·· 69

项目五　数据可视化分析 ·· 71

任务一　认识统计图 ·· 72
任务二　用SPSS进行统计图的绘制 ·· 75
本章小结 ·· 85
技能训练 ·· 85

项目六　假设检验 ·· 87

任务一　了解假设检验 ··· 87
任务二　掌握假设检验的流程 ·· 89
任务三　用SPSS进行假设检验 ··· 91
本章小结 ·· 96
技能训练 ·· 96

项目七　相关分析 ·· 98

任务一　认识变量间的相关关系 ··· 98
任务二　用SPSS进行散点图的绘制 ·· 102
任务三　用SPSS进行相关系数的测定 ··· 104
任务四　认识偏相关分析及其SPSS方法 ·· 109
本章小结 ··· 112
技能训练 ··· 112

项目八　线性回归分析 ··· 114

任务一　认识一元线性回归分析 ··· 115
任务二　用SPSS进行一元线性回归分析 ·· 118
任务三　认识多元线性回归分析 ··· 120
任务四　用SPSS进行多元线性回归分析 ·· 122
本章小结 ··· 126
技能训练 ··· 126

项目九　时间序列分析与统计预测 ·· 128

任务一　认识时间序列与因素分解 ·· 129
任务二　认识时间序列的指标分析 ·· 133
任务三　运用时间序列进行统计预测 ··· 140
任务四　用SPSS进行时间序列分析与统计预测 ·· 143
本章小结 ··· 154
技能训练 ··· 154

项目十　编制数据分析报告……………………………………………………… 156
　　任务一　认识数据分析报告……………………………………………… 156
　　任务二　编制数据分析报告……………………………………………… 163
　　本章小结………………………………………………………………… 168
　　技能训练………………………………………………………………… 168
附录　正态分布分位数表…………………………………………………… 170
参考文献……………………………………………………………………… 171

项目一

大数据概述与SPSS基础知识

学习目标

1. 了解大数据的定义、特征及其发展趋势。
2. 理解大数据思维及方法。
3. 了解SPSS软件的特点和界面布局。
4. 掌握变量的定义、数据的编辑及导入。

案例引入

欧洲的智能电网已经做到了终端,也就是所谓的智能电表。在德国,为了鼓励家庭利用太阳能,会在家中安装太阳能,除了卖电给用户外,当用户的太阳能有多余电量的时候还可以买回来。电网每隔五分钟或十分钟收集一次数据,收集来的这些数据可以用来预测客户的用电习惯等,从而推断出在未来2~3个月的时间里,整个电网大概需要多少电。

有了这个预测后,就可以向发电或者供电企业购买一定数量的电。在这种情况下,电有点儿像期货,提前买就会比较便宜,买现货就比较昂贵。通过这个预测可以降低采购成本。

思考:什么是大数据?大数据有什么特征?现代社会为什么需要大数据?

任务一 了解大数据

随着大数据时代的到来,有人把这种大多来源于抽样调查、访谈、行政记录和实验设计等传统统计方法的数据称为小数据,把传统的量化分析方法称为小数据方法。一般来说,小数据存储空间小,易于快速理解,数据的读取分析和处理都相对简单。到目前为止,业界还没有一个较完整、权威的大数据定义,一般指"无法在可容忍的时间内用传统IT技术和软硬件工具对其进行感知、获取、管理、处理和服务的数据集合。"比较公认的看法是:大数据是现有信息技术难以应对的数量超大、结构复杂的数据集。其核心属性是数据量巨大、数据结构复杂、处理分析难度大。因此,大数据泛指无法在可容忍的时间内用传统信息技术和软硬件工具对其进行获取、管理和处理的巨量数据集合,需要可伸缩的计算体系结构以支持其存储、处理和分析。

一、大数据的特征

大数据的特征可概括为四个"V",即数据量大(Volume)、类型多样化(Variety)、处理速度快(Velocity)和价值密度低(Value)。第一个特征是数据量大。大数据的起始计量单位至少是 P(1000 个 T)、E(100 万个 T)或 Z(10 亿个 T)。第二个特征是类型多样化。大数据时代数据类型和表现形式种类繁多,包括调查数据、网络日志、音频、视频、图片和地理位置信息等,数据与数据之间的联系被数据的多样性冲淡,多种类型的数据对数据的处理能力提出了更高的要求。第三个特征是处理速度快。在数据收集速度加快的同时,数据寿命明显缩短。对于数据挖掘的时效性要求日益提高。这是大数据区分于传统数据挖掘最显著的特征。第四个特征是价值密度低。随着物联网的广泛应用,信息感知无处不在,信息海量,但价值密度较低,如何通过强大的机器算法更迅速地完成数据的价值"提纯",是大数据时代亟待解决的难题。大数据研究机构 Gartner 认为,大数据需要更新处理模式才能具有更强的决策力、洞察力和流程优化能力,才能满足海量、高增长和多样化信息资产的需要。

二、大数据的现状与趋势

大数据是继云计算、物联网之后 IT 行业又一次颠覆性的技术变革。运用大数据技术推动经济发展、完善社会治理、提升政府服务和监管能力的研究正在成为趋势。下面将从应用、治理和技术三个方面对大数据的现状与趋势进行梳理。

(1) 当前已有众多成功的大数据应用,但就其效果和深度而言,大数据应用尚处于初级阶段,根据大数据分析预测未来、指导实践的深层次应用将成为发展重点。

大数据应用分为三个层次。第一层次,描述性分析应用,是指从大数据中总结、抽取相关的信息和知识,帮助人们分析发生了什么,并呈现事物的发展历程。第二层次,预测性分析应用,是指从大数据中分析事物之间的关联关系、发展模式等,并据此对事物发展的趋势进行预测。第三层次,指导性分析应用,是指在前两个层次的基础上,分析不同决策将导致的后果,并对决策进行指导和优化。当前,在大数据应用的实践中,描述性、预测性分析应用多,决策指导性等更深层次分析应用偏少。虽然大数据应用已在人机博弈等非关键性领域取得较好应用效果,但是,在自动驾驶、政府决策、军事指挥、医疗健康等与人类生命、财产、发展和安全紧密关联的领域,要真正获得有效应用,仍面临一系列待解决的基础理论问题和核心技术挑战。未来,随着应用领域的拓展、技术的提升、数据共享开放机制的完善,以及产业生态的成熟,具有更大潜在价值的预测性和指导性应用将是发展的重点。

(2) 大数据治理体系远未形成,特别是在隐私保护、数据安全与数据共享利用效率之间尚存在明显矛盾,成为制约大数据发展的重要短板。随着大数据作为战略资源的地位日益凸显,人们越来越强烈地意识到制约大数据发展的短板包括:数据治理体系远未形成,如数据资产地位的确立尚未达成共识;数据的确权、流通和管控面临多重挑战;数据壁垒广泛存在,阻碍了数据的共享和开放;法律、法规发展滞后,导致大数据应用存在安全与隐私风险。如此种种因素,制约了数据资源中所蕴含价值的挖掘与转化。

(3) 数据规模高速增长,现有技术体系难以满足大数据应用的需求,大数据理论与技术远未成熟,未来信息技术体系将需要颠覆式的创新和变革。近年来,数据规模呈几何级数高速增长。国际信息技术咨询企业国际数据公司(IDC)的报告显示:2020 年全球数据存储量将达到44ZB,2030年将达到2500ZB。当前,需要处理的数据量已经大大超过处理能力的上限,从而导致大量数据因无法或来不及处理,而处于未被利用、价值不明的状态。技术发展带来的数据处理能力的提升远远落后于按指数增长模式快速递增的数据体量,数据处理能力与数据资源规模之间的"剪刀差"将随时间持续扩大,这些现象将长期存在。在此背景下,大数据现象倒逼技术变革,将使信息技术体系进行一次重构,这也带来了颠覆式发展的机遇。

三、大数据思维

奥地利数据科学家维克托·迈尔·舍恩伯格在其著作《大数据时代——生活、工作与思维的大变革》中指出,大数据时代,思维方式要发生三个变革:第一,要分析与事物相关的所有数据,而不是分析少量数据样本;要总体,不要样本。第二,要乐于接收数据的纷繁复杂,而不再追求精确性。第三,不再探求难以捉摸的因果关系,应该更加注重相关关系。毫无疑问,上述三个转变均与统计研究工作息息相关,从统计研究工作角度理解维克托的三个转变会更深刻、更全面。

(一)转变抽样调查工作思想

传统的统计学观点认为数据处理特点是通过局部样本进行统计推断,从而了解总体的规律性。囿于数据收集和处理能力的限制,传统的统计研究工作总是希望通过尽可能少的数据来了解总体。在这种背景下,产生了各式各样的抽样调查技术。尽管如此,由于各种抽样调查工作是在事先设定目的的前提下展开工作,不管多完美的抽样技术,抽到的数据只是总体中的一部分,样本都只是对总体片面的、部分的反映。传统的统计学观点是建立在数据收集和处理能力受到限制的基础上,在大数据时代,数据资料收集和数据处理能力对统计分析工作的影响越来越小。在大数据时代,我们面对的数据样本就是过去资料的总和,样本就是总体,通过对所有与事物相关的数据进行分析,既有利于了解总体,又有利于了解局部。总的来讲,传统的统计抽样调查方法有以下几个方面的不足可以在大数据时代得到改进。

(1)抽样框不稳定,随机取样困难,传统的抽样调查方案在实施时经常碰到导致抽样框不稳定的问题:一方面,随着网络信息技术的迅速发展,人们获得信息的途径越来越便捷。人们更换工作、外出学习和旅游的机会和次数也越来越多,这导致人口流动性加快,于是表现在对某小区居民收入水平调查过程中,经常会出现户主更换或空房的情况;另一方面,由于企业经营状况不稳定,有些经营者抓住市场机会使企业规模日益壮大,有些经营者经营不善导致企业破产倒闭,这就出现了在对企业经营状况调查中,抽样框中有的企业找不到,客观存在的企业反而在抽样框中没有的情况。

(2)事先设定调查目的,会限制调查的内容和范围。传统抽样调查工作往往是先确定调查目的,然后根据目的和经费确定调查的方法和样本量的大小,这样做的问题是受调查目的的限制,调查范围有限即调查会有侧重点,从而不能全面反映总体。

(3)样本量有限,抽样结果经不起细分。传统抽样调查是在特定目的和一定经费控制下进行的,调查样本量有限,如果进一步对细分内容调查,往往由于样本量太小而不具有代表性。随机采样结果经不起细分,一旦细分随机采样结果的错误率就会大大增加。如以对某地企业调查情况为例,在完成调查工作后想具体了解当地小型服装企业生产经营状况,可能抽到的样本中满足条件的企业凤毛麟角或根本没有这样的企业。在大数据时代,对数据处理的技术不再是问题,我们可以对任何规模的数据进行分析处理,可以做到既能把握总体,又能了解局部情况。

(4) 纠偏成本高,可塑性弱。正如前文所述,传统统计抽样过程中,抽样框不稳定的情况经常存在,一旦抽样框出现偏误,调查结果可能与历史结果或预计结果大相径庭;另外,如果调查者想了解与事先调查目的不一致的方面,或者想了解目标总体的细分结果,在传统的抽样调查思路中,解决问题的方法一般是重新设计调查方案,一切重来。在大数据时代,信息瞬息万变,待重新调整调查方案,得到的调查结果可能已经没有价值了。

(二) 转变对数据精确性的要求

传统的统计研究工作要求获得的数据一般具有完整性、精确性(或准确性)、可比性与一致性等性质。在数据结构单一、数据规模小的小数据时代,由于收集的数据资料有限以及数据处理技术落后,分析数据的目的是希望尽可能用有限的数据全面准确地反映总体。那么,在小数据时代对数据精确性要求相对于其他要求是最严格的。在大数据时代,由于数据来源广泛和数据处理技术不断进步,数据的不精确性是允许的,我们应该接受纷繁芜杂的各类数据,不应一味地追求数据的精确性,以免因小失大。

在大数据时代,数据规模大、数据不精确性在所难免,盲目追求数据的精确性是不可取的。在小数据时代,无论是测量数据还是调查数据,都可能因为人为因素或自然不可控因素导致收集到的这些数据是不精确的;在大数据时代,数据来源渠道多,数据量大,我们在获得反映总体精确数据信息的同时,不可避免地会获得不精确性数据。另外,我们必须看到不精确数据的有益方面,不精确数据并不一定妨碍我们认识总体,有可能帮助我们从另一个方面更好地认识总体。

在大数据时代,允许不精确性针对的是大数据,而不是统一标准。大数据的不精确性是偶然产生的,而不是为了不精确性而制造不精确,并且在专业性的分析领域,仍需千方百计防止不精确性发生。譬如,为了精细管理公司业务,对公司财务的分析就应该越精确越好。

(三) 转变数据关系分析的重点

传统统计分析工作一般在处理数据时,会预先假定事物之间存在的某种因果关系,然后在此因果关系假定的基础上构建模型并验证预先假定的因果关系。在大数据时代,由于数据规模巨大、数据结构复杂以及数据变量错综复杂,预设因果关系以及分析因果关系相对复杂。于是分析数据不再探求难以琢磨的因果关系,转而关注事物的相关关系。需要注意的是,大数据时代事物之间的相关分析与传统统计学的相关分析并不完全相同,主要表现在以下几个方面。

(1) 分析思路不同。用传统统计方法分析问题时,往往是先假设某种关系存在,然后根据假设有针对性地计算变量之间的相关关系,这是一个"先假设,后关系"的分析思路,传统的关系设定思路适用于小数据。在大数据时代,不仅数据量庞大,变量数目往往也难以计数,"先假设,后关系"的思路不切实际。大数据关系分析往往是直接计算现象之间的相依性。另外与传统统计分析不同的是,在小数据时代,数据量小且变量数目少,构造回归方程和估计回归方程比较容易。于是人们在分析现象之间的相关关系时,往往会建立回归方程探求现象之间的因果关系。

(2) 关系形式不同。在小数据时代,由于计算机存储和计算能力不足,大部分相关关系仅限于寻求线性关系。在大数据时代,现象的关系很复杂,不仅可能是线性关系,更可能是非线性函数关系。一般情况是我们可能知道现象之间相依的程度,但并不清楚关系的形式。目前,针对结构化的海量数据,不管函数关系如何,最大信息相关系数均可度量变量之间的相关程度。但有些情况可能连函数关系都没有,如半结构化数据变量和非结构化数据变量之间可能存在某种关联关系,但没法知道变量之间关系的形式,因此,度量相关程度的方法还有待完善。

(3) 关系目的不同。传统统计研究变量之间的相关关系往往具有两个目的：一是为了弄清楚变量之间的亲疏程度；二是为了探求变量之间有无因果关系,是否可以建立回归方程,然后在回归方程的基础上对因变量进行预测。一个普遍的逻辑思路在计算上可行的是,变量间的相关关系是一种最普遍的关系。因果关系是特殊的相关关系,相关关系往往能取代因果关系,即有因果关系必有相关关系,但有相关关系不一定能找到因果关系。所以传统的统计学往往在相关关系基础上寻找因果关系。在大数据时代,统计研究的目的就是寻找变量或现象之间的相关关系,然后根据变量或现象之间的相关关系进行由此及彼、由表及里的关联预测。在大数据时代,人们一般不做因果分析,一方面是因为数据结构和数据关系错综复杂,很难在变量间建立函数关系并在此基础上探讨因果关系,寻找因果关系的时间成本高昂；另一方面是大数据具有价值密度低、数据处理快的特点。大数据处理的是流式数据,由于数据规模的不断变化,变量间的因果关系具有时效性,往往存在"此一时,彼一时"的情况,探寻因果关系往往得不偿失。

四、大数据方法

所谓大数据方法,不是指某种程式化、规范化的单一方法,而是充分运用人工智能、机器学习对大数据进行分析开发利用的一整套开放、包容、灵活的方法体系。这一方法体系既包含了数据科学家借助机器的性质研究,又包含了传统量化分析方法的延伸运用。大数据是工业传感器、互联网、移动数码等固定和移动设备产生的结构化数据、半结构化数据与非结构化数据的总和,大数据重在实时的处理与应用,以获得所需要的信息和知识,从而实现商业价值以及为公共管理服务。数据挖掘和人工智能等应用工具在大数据处理中发挥着重要作用,现代信息技术是大数据赖以存在和发展的重要支撑力量。

大数据分析过程中方法的运用,包括了模型方法、混沌理论和分形理论的数值方法、隐喻方法、模拟方法等。大数据方法或者说大数据分析技术的核心之一是"数据挖掘",是从大量的、不完全的、有噪声的、模糊的、随机的实际应用数据中,提取隐含在其中的、事先不知道的但又是潜在有用信息和知识的过程,也被称为知识发现(Knowledge Discovery in Database,KDD)的这一方法,是从大型数据库中揭示海量数据中有意义的潜在规律和提取人们感兴趣的知识的处理过程。

首先,统计学依然是数据分析的灵魂。现在社会上有一种流行的说法是在大数据时代,"样本=全体",人们得到的不是抽样数据而是全数据,因而只需要简单地数一数就可以下结论,复杂的统计学方法可以不再需要了。这种观点的错误在于大数据告知信息但不解释信息。例如大数据是"原油"而不是"汽油",不能被直接拿来使用。就像股票市场,即使把所有的数据都公布出来,不懂的人依然不知道数据代表的信息。大数据时代,统计学依然是数据分析的灵魂。正如加州大学伯克利分校迈克尔·乔丹教授指出的："没有系统的数据科学作为指导的大数据研究,就如同不利用工程科学的知识来建造桥梁,很多桥梁可能会坍塌,并带来严重的后果。"

其次，全数据的概念本身很难经得起推敲。全数据顾名思义就是全部数据。这在某些特定的场合对于某些特定的问题确实可能是全数据。但是并不是说我们有了全数据就能很好地回答问题。一方面数据虽然是全数据，但仍然具有不确定性；另一方面事物在不断地发展和变化。因此"全"是有边界的，超出了边界就不再是全知全能了。事物的发展充满了不确定性，而统计学既研究如何从数据中把信息和规律提取出来，找出最优化的方案；也研究如何把数据当中的不确定性量化出来。所以在大数据时代，数据分析的很多根本性问题和小数据时代并没有本质区别。

任务二 认识大数据应用与安全

一、大数据应用

（一）大数据平台

目前，业界对大数据平台没有统一的定义，但一般情况下，使用了 Hadoop、Spark、Storm、Flink 等这些分布式的实时或者离线计算框架，建立计算集群，并在上面运用各种计算任务，这就是通常理解上的大数据平台。大数据平台其实就是根据业务需求来决定使用哪些框架或者哪些工具来搭建平台，从而完成业务需求。

（二）数据采集

数据采集（Data Acquisition）又称数据获取，是利用一种装置从系统外部采集数据并输入系统内部的一个接口。数据采集技术广泛应用在各个领域。例如摄像头、麦克风、Python 爬虫框架 Scrapy 等都是数据采集工具。

（三）数据仓库

数据仓库（Data Warehouse，DW 或 DWH），是为企业所有级别的决策制定过程，提供所有类型数据支持的战略集合。它是单个数据存储，出于分析性报告和决策支持目的而创建。它为需要业务智能的企业提供业务流程改进、监视时间、成本、质量以及控制的指导。

（四）数据处理

数据处理（Data Processing）是对数据的采集、存储、检索、加工、变换和传输。数据处理的基本目的是从大量的、杂乱无章的、难以理解的数据中抽取并推导出对于某些特定的人们来说是有价值、有意义的数据。其所需技术有 Hive、Hadoop、Spark 等。

（五）数据分析

数据分析（Data Analysis）是指用适当的统计分析方法对收集来的大量数据进行分析，提取有用信息并形成结论而对数据加以详细研究和概括总结的过程。基于统计分析方法做数据分析有回归分析、方差分析等。大数据分析如 Ad-Hoc 交互式分析、SQL On Hadoop 的技术有 Hive、Impala、Presto、Spark SQL，支持 OLAP 的技术有 Kylin。在实际应用中，数据分析可帮助人们作出判断，以便采取适当行动。

（六）数据挖掘

数据挖掘（Data Mining）是通过分析每个数据，从大量数据中寻找其规律的技术，主要有数据准备、规律寻找和规律表示三个步骤。数据挖掘的任务有关联分析、聚类分析、分类分析、异常分析、特异群组分析和演变分析等。

（七）机器学习

机器学习(Machine Learning,ML)是一门多领域的交叉学科，涉及概率论、统计学、通近论、凸分析、算法复杂度理论等多门学科。它专门研究计算机怎样模拟或实现人类的学习行为，以获取新的知识或技能，重新组织已有的知识结构使之不断改善自身的性能。它是人工智能的核心，是使计算机具有智能的根本途径，其应用遍及人工智能的各个领域，它主要使用归纳、综合而不是演绎。

（八）深度学习

深度学习(Deep Learning)是机器学习研究中的一个新的领域，其动机在于建立、模拟人脑进行分析学习的神经网络，它模仿人脑的机制来解释数据，如图像、声音和文本。同机器学习方法一样，深度学习方法也有监督学习与无监督学习之分。不同的学习框架下建立的学习模型不同，例如，卷积神经网络(Convolutional Neural Networks,CNNs)就是一种深度的监督学习下的机器学习模型，而深度置信网(Deep Belief Nets,DBNs)就是一种无监督学习下的机器学习模型。

（九）数据可视化

数据可视化(Data Visualization)可以从狭义和广义两个方面进行理解，狭义上的数据可视化是指将数据用统计图表方式呈现，广义上的数据可视化是信息可视化中的一类，因为信息是包含了数字和非数字的。整体而言，可视化就是数据、信息以及科学等多个领域图示化技术的统称。数据可视化起源于20世纪60年代计算机图形学，人们使用计算机创建图形图表。可视化提取出来的数据，将数据的各种属性和变量呈现出来。我们熟悉的饼图、直方图、散点图、柱状图等是最原始的统计图表，它们是数据可视化的最基础和常见的应用。数据可视化作为一种统计学工具，用于创建一条快速认识数据集的捷径，并成为一种令人信服的沟通手段，传达存在于数据中的基本信息。

（十）数据应用

大数据技术能够将隐藏于海量数据中的信息和知识挖掘出来，为人类的社会经济活动提供依据，从而提高各个领域的运行效率，提高整个社会经济的集约化程度。其应用领域如下：①理解客户、满足客户服务需求。应用大数据更好地了解客户以及他们的喜好和行为。②业务流程优化。例如供应链以及配送路线的优化。③提高医疗和研发水平。大数据剖析应用的计算能力可以让我们能够在几分钟内就可以解码整个DNA。同时它可以帮助我们更好地去理解和预测疾病。④提高体育成绩。例如使用视频剖析来追踪足球或棒球比赛中每个球员的表现。⑤优化机器和设备性能。例如谷歌公司利用大数据工具研发谷歌自驾汽车。丰田的普瑞就配有相机、GPS以及传感器，人们能够安全地驾驶车辆。⑥改善安全和执法。美国安全局利用大数据进行对恐怖分子的打击。警察应用大数据工具抓捕犯罪嫌疑人。企业则应用大数据技术进行网络攻击防御。⑦改善我们的城市。例如基于城市实时交通信息、利用社交网络和天气数据来优化最新的交通情况。⑧金融交易。大数据算法可以应用于买卖决议，如量化投资及智能投资等。

二、大数据安全

在大数据时代，信息化已完全深入国民经济与国防建设的方方面面，从智能家居、智慧城市到智慧地球,个人、企业、团体等的海量数据为国家建设和决策提供了宏观的数据依据,大数据的安全问题将会越来越多地对国家战略产生直接或间接的影响。

法律、法规发展滞后,导致大数据应用存在安全与隐私风险。大数据的应用会带来巨大社会价值和商业利益,受价值利益驱动,大数据系统也必然会面临安全与隐私风险。数据的无序流通与共享也会引发隐私保护和数据安全方面的重大风险。在互联网时代人们似乎开始觉得自己的隐私受到了威胁,而移动互联网与大数据时代无疑加深了这种威胁。大数据时代,数据被奉为一切服务的起点与终点。人们似乎生活在一个360度无死角监控的环境里,周边仿佛有千万双眼睛在盯着你,以全景的方式洞察着你,同时又有从四面八方涌来的信息将你完全淹没在其中。鉴于互联网公司频发的、由于对个人数据不正当使用而导致的隐私安全问题,欧盟制定了"史上最严格的"数据安全管理法规——《通用数据保护条例》(General Data Protection Regulation,GDPR),并于2018年5月25日正式生效。《通用数据保护条例》生效后,Facebook和谷歌等互联网企业即被指控强迫用户同意共享个人数据而面临巨额罚款,并被推上舆论的风口浪尖。

对于置身其中的用户而言,他们一方面渴望大数据时代,给自己带来更为贴心、便捷的服务,另一方面又时刻担忧着自己的隐私安全遭受侵犯。大数据的信息窃取手段更加隐蔽和多元化加剧了安全与隐私风险。不法分子从大量的公开数据中通过数据关联手段可以获取相关个体的隐性数据,从而导致个人的隐私泄露。

对于政府管理部门而言,政府一方面已经意识到数据保护和隐私保护方面的制度不完善的问题,并开始不断强调个人信息和隐私保护的重要性。另一方面似乎仍然没有从传统社会的治理方式与管控思维中解脱出来,制度上的滞后带来的不仅是灰色地带还有风险。

大数据时代在本质上,就是一场商家与商家之间、用户与商家之间、政府与商家之间的隐私之战。对于商家来说,谁更靠近用户的隐私,谁就占据更多的机会;对于用户而言,保护隐私似乎从一开始就是个伪命题;对于政府而言,安全与发展似乎总是难以抉择。

大数据与隐私之间的关系,如何进行平衡,如何把握尺度,这已成为各国立法、司法和执法部门面临的共同难题,当然也是企业不得不思考的问题。

任务三 了解SPSS统计软件

一、SPSS软件的特点

SPSS的全称是Statistical Program For Social Sciences,即社会科学统计程序。该软件是公认的最优秀的统计分析软件包之一。SPSS最突出的特点是采用图形菜单驱动界面,展示各种管理和分析数据方法的功能,对话框展示出各种功能选择项,操作界面友好,输出结果美观漂亮。用户只需掌握一定的Windows操作技能,精通统计分析原理,就可以使用该软件为科研工作服务。

二、SPSS界面初识

(一)SPSS主窗口

在启动SPSS后,如图1-1所示的窗口便是SPSS的主窗口。在主窗口中,用户可以进

SPSS界面初识

行数据的录入、编辑以及变量属性的定义和编辑等操作,该窗口是 SPSS 的基本界面,主要由以下几部分构成:标题栏、菜单栏、工具栏、编辑栏、变量栏、标尺栏、窗口标签和状态栏。

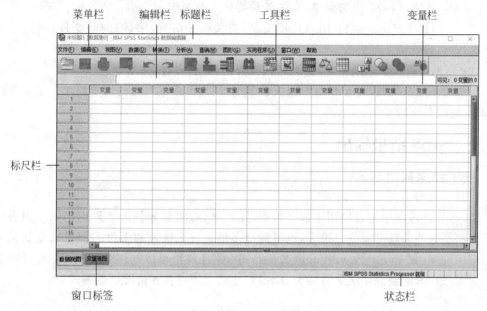

图 1-1　SPSS 主窗口

(1) 标题栏:显示数据编辑的数据文件名称。

(2) 菜单栏:通过对这些菜单的选择,用户可以进行几乎所有的 SPSS 操作。

(3) 工具栏:为了方便用户操作,SPSS 软件把菜单项中常用命令放到了【工具栏】里。当鼠标指针停留在某个工具栏按钮上时,会自动跳出一个文本框,提示当前按钮的功能。另外,如果用户对系统预设的工具栏不满意,也可以选择【视图】→【工具栏】→【设定】菜单命令对工具栏按钮进行自定义。

(4) 编辑栏:可以输入数据,以使它显示在内容区指定的方格里。

(5) 变量栏:列出了数据文件中所包含变量的变量名。

(6) 标尺兰:列出了数据文件中的所有观测值。观测的个数就是数据的样本容量。

(7) 窗口标签:用于"数据视图"和"变量视图"的切换。

(8) 状态栏:略。

(二) SPSS 的菜单

菜单栏共有 11 个选项,常用的有以下 9 个选项。

(1) 文件(File):文件管理菜单,有关文件的新建、调入读取、存储、显示和打印等。

(2) 编辑(Edit):编辑菜单,有关文本内容的选择、拷贝、剪贴、清除、寻找和替换等。

(3) 视图(View):显示菜单,有关状况栏、工具条、网格线是否显示,数据显示的字体类型大小等设置以及定制变量视图等。

(4) 数据(Data):数据管理菜单,有关数据变量定义、数据格式选定、观察对象选择、排序加权、数据文件的转换、连接、重组、拆分、汇总等。

(5) 转换(Transform):数据转换处理菜单,有关数值的计算、重新赋值、缺失值替代等。

（6）分析（Statistics）：统计菜单，有关描述统计及统计方法的应用。

（7）图形（Graphs）：作图菜单，有关各种统计图的制作。

（8）实用程序（Utilities）：用户选项菜单，有关命令解释、字体选择、文件信息、定义输出标题、窗口设计等。

（9）帮助（Help）：求助菜单，有关帮助文件的调用、查寻、显示等。

当单击菜单选项时，将会弹出下拉式子菜单，用户可根据自己的需求再单击子菜单的选项，即可完成特定的功能。

三、SPSS结果输出

（一）结果输出格式

1. 统计表格

SPSS软件可以绘制表格用于表述数据，除此之外，大部分分析结果也都以专用表格的形式展示。这些表既可能是二维表，也可能是多维表。二维表和多维表都可以复制粘贴到其他应用程序（如Word、PowerPoint、Excel）中，并且依然可以利用SPSS软件对这些表格进行编辑，SPSS的制表功能非常强大，能很好地满足用户各种情况下的需求。

2. 文本格式

对于一些不便于用表格和图形表达的结果，SPSS软件提供了文本格式的结果。随着版本的升级，SPSS软件中的文本输出已经越来越少了。实际上，这里的文本输出并非简单的纯文本，而是与Office软件家族完全相兼容的rtf格式，这些文字可以随意进行拷贝、粘贴和格式设定等操作。

3. 统计图

利用图形来展示数据，也是在数据分析中必不可少的。SPSS软件提供了功能非常强大的统计绘图功能。

（二）分析结果的保存和导出

1. 保存

SPSS软件的分析结果可以保存为SPSS自身的格式——sav格式，在结果编辑窗口单击【文件】→【保存】即可。

2. 导出

分析结果还可以使用导出功能存为另外几种常见的格式，包括Html、Word、Excel和Text等格式。

3. 复制粘贴

还可以将结果直接通过"复制""粘贴"应用到其他软件当中。对于SPSS软件表格、交互图，还可以将它们作为"选项"粘贴到其他应用中，在默认情况下，统计表会自动转换为Word或Excel中的表格，而统计图则会被转换成图片。

思政点滴

随着现代互联网技术与信息技术的飞速发展，社会生活的方方面面都在发生着翻天覆地的变化，对于数据处理领域而言也发生着巨大的变革，医疗卫生、生物、金融、教育、工业生产等方面对于大数据的要求也是越来越高。由于大数据具有量大、范围广都诸多特点,因此要求我们每一个人在日常生活中都要具备这种大数据思维,转变思维意识,提高大数据分析的技能,适应新事物,为我国数据科学的发展做出自己应有的贡献。

本 章 小 结

1. 大数据的特征是数据量大、类型多样化、处理速度快和价值密度低。

2. 大数据应用分为三个层次。第一层是描述性分析应用,第二层是预测性分析应用,第三层是指导性分析应用。

3. 大数据时代,思维方式要发生三个变革。第一,要分析与事物相关的所有数据,而不是分析少量数据样本;要总体,不要样本。第二,要乐于接收数据的纷繁复杂,而不再追求精确性。第三,不再探求难以捉摸的因果关系,应该更加注重相关关系。

4. SPSS 的基本功能包括数据管理、统计分析、图表分析、输出管理等。SPSS 统计分析过程包括描述性统计、均值比较、一般线性模型、相关分析、回归分析、对数线性模型、聚类分析、生存分析、时间序列分析等几大类。

5. SPSS 的主窗口主要由以下几部分构成:标题栏、菜单栏、工具栏、编辑栏、变量栏、标尺栏、窗口标签和状态栏。

6. SPSS 菜单栏主要包括 9 项:文件、编辑、视图、数据、转换、分析、图形、实用程序、帮助。

7. SPSS 的结果主要输出为统计表格、文本格式和统计图。

8. SPSS 的软件分析结果可以保存为 sav 格式的,还可以保存为 Html、Word、Excel 和 Text 等格式。

技 能 训 练

一、单选题

1. 以下不属于大数据的特征的是(　　)。
   A. 数据量大　　　　B. 价值密度高　　　C. 类型多样化　　　D. 处理速度快

2. 从大数据中总结、抽取相关的信息和知识,帮助人们分析发生了什么,并呈现事物的发展历程是指的大数据应用的(　　)层次。
   A. 描述性分析应用　　　　　　　　B. 预测性分析应用
   C. 推断性分析应用　　　　　　　　D. 指导性分析应用

3. 以下不属于菜单栏主要包括的项目是(　　)。
   A. 文件　　　　　B. 编辑　　　　　C. 视图　　　　　D. 保存

4. SPSS 输出的文件主要包含类型不包括(　　)。
   A. .sav　　　　　B. Html　　　　　C. .pdf　　　　　D. Excel

二、多选题

1. 在大数据时代,我们的思维要发生的变革包括(　　)。
   A. 要分析与事物相关的所有数据,而不是分析少量数据样本;要总体,不要样本

B. 要追求较高的技术手段来分析数据之间的复杂关系
   C. 要乐于接收数据的纷繁复杂，而不再追求精确性
   D. 不再探求难以捉摸的因果关系，应该更加注重相关关系
2. 大数据应用的主要环节包括（　　）。
   A. 数据采集　　　B. 数据仓库　　　C. 数据挖掘　　　D. 机器学习
3. 以下属于SPSS的主要功能的是（　　）。
   A. 描述性分析　　B. 相关分析　　　C. 回归分析　　　D. 时间序列分析
4. SPSS的主要输出结果包括（　　）。
   A. 统计图　　　　B. 统计表格　　　C. 文本格式　　　D. 数据代码

项目二

数据文件的建立与数据处理

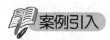

1. 掌握如何建立新的数据文件,能理解变量的各种属性,并能正确定义变量,会录入原始数据。

2. 掌握如何读入外部数据文件,把电子表格数据、文本数据以及数据库格式数据读入SPSS软件当中。

3. 掌握如何处理数据文件,能对数据进行选择、排序、重组、汇总、计算变量、检验等,可以对文件进行合并与拆分。

案例引入

天伊集团主要生产各种电子配件。在2020年12月生产的电子配件当中,根据质量将其划分为一等品、二等品、三等品。同时根据其业务范围,将所生产的电子配件划分为微电子配件、汽车用电子配件、计算机电子配件、工业用电子配件、家用电器电子配件等。根据天伊公司财务处所提供的报表的情况来看,其在2020年12月的部分产品的销售额如表2-1所示。

表2-1　天伊集团2020年12月部分产品销售额　　　　　　　单位:万元

产品	微电子配件	汽车用电子配件	计算机电子配件	工业用电子配件	家用电器电子配件
销售额	32.5	41.6	18.0	55.8	108.3

思考:如何对以上数据进行处理?如何将以上数据录入SPSS软件当中?

任务一　定义变量属性

变量属性的定义

在SPSS中建立数据文件大致有两种情况:一种是将原始数据直接录入SPSS;另一种是利用SPSS读取其他数据格式的资料。数据录入就是把每个个案(公司、被调查者等)的每个指标(变量)录入到软件中。在录入数据时,大致可归纳为三个步骤:定义变量名,即给每个指标起个名字;

指定每个变量的各种属性,即对每个指标的一些统计特性作出指定;录入数据,即把每个个案的各指标值录入为电子格式。因此,需要先了解变量的各种属性。

变量属性视图如图 2-1 所示,每一行描述一个变量。

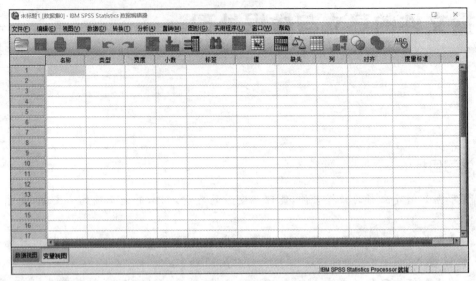

图 2-1 变量属性视图

(1) 变量(Name):变量名。它可以用英文字母、数字和下画线给变量命名,也可用中文命名。

变量名的定义应符合以下要求。

① 在一个数据文件中变量名必须是唯一的,不能重名。

② 变量名不区分大小写;变量名长度不能超过 64 个字符(32 个汉字)。

③ 首字符必须是字母、汉字或特殊符号,但不能是空格或数字;其后字符可为字母、数字、中文及特殊符号"·""$""@",但不能为"?""*""!"等字符。变量名的首位不能是"·"、"。"或"_"符号,以免引起误会。

④ 一些逻辑词语不能作为变量名,如 all、and、or、by、to、with、not 等。

如果用户不指定变量名,SPSS 软件会以 VAR 开头来命名变量,后面跟五位数字,如 VAR00001、VAR00019 等。

(2) 变量(Type):变量类型。总共有 Numeric 数值型、Comma 逗号型、Sing 字符串型等八种类型供选择,最常用的是 Numeric 数值型变量。需要特别说明的是,字符串型变量不能用 SPSS 进行分析,只能起案例名称标注的作用,因此要分析的变量都要转换为数值型变量。

(3) 宽度(Width):变量所占的宽度。

(4) 小数(Decimals):小数点后位数。

(5) 标签(Label):变量标签是关于变量含义的详细说明。变量名标签的作用非常巨大,因为变量名标签和变量是绑定显示的,在变量分析和显示分析结果时可以一目了然了解变量的含义,所以要养成给变量添加变量名标签的习惯。

(6) 值(Values):变量值标签是关于变量各个取值的含义说明。对于分类变量和定序变量，一般只能取有限的几个值，必须要对其进行编码才能用于 SPSS 分析，这可以通过编制变量值标签来实现，还可以说明每个取值代表什么含义。

（7）缺失（Missing）：缺失值的处理方式。

（8）列（Columns）：变量在 Date View 中所显示的列宽（默认列宽为 8）。

（9）对齐（Align）：数据对齐格式（默认为右对齐）。

（10）测量（Measure）：数据的测度方式（默认为等间距尺度）。

（11）角色（Role）：某些对话框支持可用于预先选择分析变量的预定义角色。当打开其中一个对话框时，满足角色要求的变量将自动显示在目标列表中。

一、定义变量类型

SPSS 中的变量有三种基本类型：数值型、字符串型和日期型。根据不同的显示方式，数值型又被细分成了六种，所以 SPSS 中的变量类型共有八种。如图 2-2 所示。

图 2-2 【变量类型】对话框

（一）数值型

在三种基本变量类型中，数值型是 SPSS 最常用的变量类型。数值型的数据是由 0～9 的阿拉伯数字和其他特殊符号，如美元符号、逗号或圆点组成。数值型数据根据内容和显示方式的不同，可以分为标准数值型、每三位用逗号分隔的数值型、每三位用圆点分隔的圆点数值型、科学记数型、显示带美元符号的美元数值型和自定义货币型六种不同的表示方法。其中，最为常用的只有标准数值型。

（二）字符串型

字符串也是 SPSS 中较为常用的数据类型，变量值是一串字符，字符串变量中的大小写是被区分的，但字符串变量不能参与算数运算，只能在频率与交叉表分析中显示。

数值型变量可以直接转换为字符型变量，不过字符串型变量转换为数值型时，数字数据不会丢失，但非数字数据会丢失。例如，"部门"变量录入数据时的数据为"后勤"等字符串，若将其变量类型由字符串改为数值型，则"后勤"数据会消失。但若"部门"的数据为数字，例如，用"1"代表"后勤"，尽管此时"部门"的变量类型为字符串，但将其改为数值型时数据还会保留。

（三）日期型

日期型数据可以用来表示日期或时间。

二、定义变量标签

变量标签是对变量名含义进行注释说明的标记，目的是使人更清楚明确地了解该变量的含义。有时一个变量的全称太长，不适合直接作为变量名，此时就用缩略词语给变量起名，然后在变量标签中附注完整的名称或具体含义，如图 2-3 中的 GDP 变量所示。

当设置变量标签时，在各种统计分析操作的变量列表以及输出结果中，该变量就会以标签出现而不是以原变量名出现，如果变量标签比较长，在命令窗口常常只能见到标签，见不

图 2-3　定义变量标签

到变量名,这给使用者带来了不便。如果不想让变量标签代替原变量名出现,则可以选择【编辑】→【选项】命令,在【选项】命令中的【常规】选项卡的【变量列表】选项组中选择【显示名称】。这时如果再打开命令分析对话框,变量的标签就不再显示。

三、定义值标签

由于 SPSS 只能对数值型数据进行算术统计分析,因此在 SPSS 中录入的内容以数值为主。但数字本身是没有具体意义的,只有在特定的研究项目中才有特定的意义,因此我们需要对变量数据的各种取值的含义进行注释说明,即设置值标签。例如,【性别】的数据中有"1"和"2"两种取值,具体它们分别代表哪种属性,则需要在值标签中说明,如图 2-4 所示。

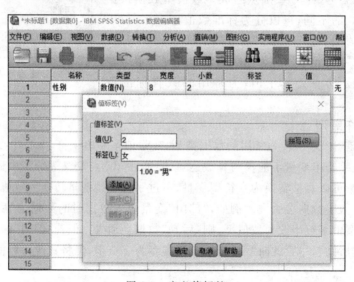

图 2-4　定义值标签

当变量数据的含义非常直接明确时,可以不设置值标签,如年级。除此之外,读者还可以只对部分取值设置值标签,而不一定对所有的值设置。需要注意的是,值标签一般是针对离散变量(定类变量和定序变量)设置,连续变量(定距变量和定比变量)不需要设置,因为连续变量的数值可以反映数值大小,有具体的意义。

四、变量属性及值标签的批量设置

如果需要将数据中很多变量的属性和值标签设置为相同,可以采用以下两种方法处理。

(1) 复制、粘贴数据整体属性法。可以通过选择【数据】→【复制数据属性】命令完成。

(2) 复制、粘贴数据单个属性法。直接单击要复制的变量的某个属性或值标签单元格，选择复制选中目标变量对应的属性单元格，然后粘贴到新变量中即可。

五、缺失值的设置

缺失值是指某个样本缺少特定变量的数据信息，它将不被纳入各种统计分析中。SPSS中的缺失值有系统缺失值和用户缺失值两大类。

（一）系统缺失值

当变量中某个样本没有提供信息或者提供的是非法格式的信息时，系统自动将其设置为缺失值。在 SPSS 中，对于数值型变量数据，系统缺失值默认用"·"表示，而字符串变量就是空字符串。

（二）用户缺失值

用户缺失值就是指用户根据特定目的设置的、自己能够识别的数值。例如，不符合题目要求的答案、不适合某项统计分析条件的数值、录入错误的数据等。一般用特殊的数字表示，如"99""98"等。设置用户缺失值可以保留最原始信息，同时又避免错误数据被纳入统计分析而造成结果偏误。在变量视图中，单击【缺失】下面的单元格出现 按钮，单机 按钮弹出【缺失值】对话框，有三种方式可供定义用户缺失值，如图 2-5 所示。

(1) 没有缺失值：默认为没有用户缺失值，只有系统缺失值。

(2) 离散缺失值：缺失值是 1～3 个不连续的数值。

(3) 范围加上一个可选离散缺失值：缺失值是一个区间范围，且可以设置某个零散的缺失值。

图 2-5 【缺失值】对话框

需要注意的是，如果数据中有用户缺失值，那就一定要在变量属性中设定，要不就将所有用户缺失值都设定为系统缺失值，即删除为空。

六、变量列宽、对齐、度量标准的设置

(1) 列宽：数据区域中变量所在列的宽度。设置时宽窄要适度，以变量名不换行为佳。

(2) 对齐：字符型变量自动左对齐，数值型变量自动右对齐。建议统一用居中对齐。

(3) 度量标准：字符型、分类变量可以设置为"名义"，等级顺序变量设置为"序号"，连续变量设置为"度量"，也可以采用系统的默认设置。

七、角色的设置

该属性是源自数据挖掘方法体系中要求某些对话框支持用于预先选择分析变量的预定义角色。当打开其中一个对话框时，满足角色要求的变量将自动显示在目标列表中。由于此类对话框在现有的 SPSS 中很少，因此用户可以直接忽略这一属性。

任务二　获取外部数据

一、获取 Excel 文件

在读入数据前，首先要打开 Excel 数据，观察数据的基本结构是否与 SPSS 数据视图一致，是否一行表示一个个案、一列表示一个变量。如果与 SPSS 数据视图不一致，需要在 Excel 工作表中进行数据处理，转置单元格行与列。其次关闭 Excel 工作表。最后进行接下来的读入数据的操作，依次选择【文件】→【打开】→【数据】命令调出打开数据对话框。

因为系统会默认打开.sav 文件，所以需要在【文件类型】下拉列表框中选择 Excel (＊xls，＊xlsx，＊xlsm)文件，这时 Excel 文件会显示在数据框中。选择要打开的文件，单击【打开】按钮，弹出【打开 Excel 数据源】对话框，如图 2-6 所示。【从第一行数据读取变量名】选项用于确定 Excel 数据文件的第一行是否应被识别为变量名称。在【工作表】下拉列表框中选择 Excel 数据文件的一个工作表(如果存在多个工作表的话)。在【范围】文本框中指定被读取数据在 Excel 工作表中的位置，用单元格的起(所要选择的 Excel 数据区域左上角单元格名，如 A1)止(所要选择的 Excel 数据区域右下角单元格名称，如 F6)位置来表示，中间用"："隔开。例如，A1：F6 表示选择宽度为 A1-A6、长度为 F1-F6 的方块区域数据。设置完毕后，单击【确定】按钮数据就会被顺利读入 SPSS 中。如果要读入整个 Excel 文档，则不需要设置"范围"。

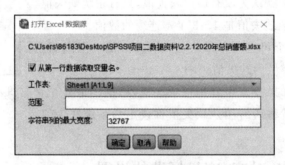

图 2-6　【打开 Excel 数据源】对话框

二、获取文本文件

SPSS 可以通过两种菜单操作方式读取文本数据：一种方式是选择【文件】→【打开文本数据】菜单项；另一种方式与打开 Excel 文件的方式一样，选择【文件】→【打开】→【数据】菜单项，两种途径是一样的，系统会弹出打开数据对话框，只是第一种方式的文本类型自动跳到了 Text(txt)，后者需要在"文件类型"下拉列表中进行选择。

文本数据的读取与 Excel 数据一样，首先打开该数据，观察这数据的基本结构。例如，变量间是固定宽度的，还是用某种分隔符区分的，第一行是否为变量名等。其次关掉这个文本文件。最后再进行 SPSS 读入数据操作。以导入项目二"职工信息"文本数据为例，在【打开文件】对话框中【文件类型】下拉列表中选择"文本格式（*.txt、*.dat）"，然后选中相应的文本，单击右侧的【打开】按钮后会弹出【文本导入向导】对话框，如图 2-7 所示，从该对话框中可以看到该导入导向共分六步，具体如下。

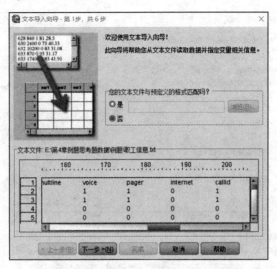

图 2-7　文本导入设置（1）

步骤 1：系统首先会询问有无预定义格式，如图 2-7 所示，如果将要打开的文本数据有预定义格式，则在此处选择相应的预定义格式文件，在下方为按预定格式读入的数据文件的预览效果。若没有预定格式，保持默认的选择【否】并直接单击【下一步】按钮即可。

步骤 2：在如图 2-8 所示的对话框中设定变量排列方式和变量名称，变量的排列方式有两种选择：一种变量间是采用某些符号进行分隔的，在【变量是如何排列的？】选项组中选择【分隔】；另一种变量间采用的是固定顶宽度来分隔变量，选择【固定宽度】，然后在下方的【文本文件】选项组中调整标尺上的分隔线位置来设定变量的固定宽度。如果文件中有变量名称，则需要将【变量名称是否包括在文件的顶部？】选项组中选择【是】，单击【下一步】按钮。

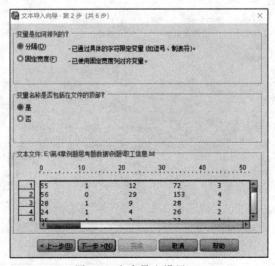

图 2-8　文本导入设置（2）

步骤 3：在如图 2-9 所示的对话框中确定数据开始行每个个案所占的行数、希望导入的个案数量，一般前两者的默认设定就是最常见的情况，第三个功能则可以用于个案进行随机抽样。

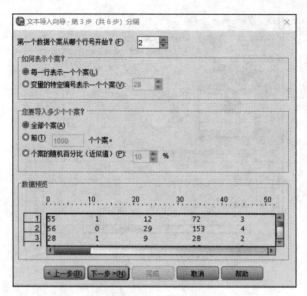

图 2-9　文本导入设置(3)

步骤 4：对变量分隔符以及文本限定符进行设定，如图 2-10 所示，根据相应选项的设定情况，下方会动态显示出数据的预览情况。这里选择的导入文本文件中变量之间采取的是逗号分隔变量，因此在【变量之间有哪些分隔符？】选项组中选中【逗号】，下方的数据预览窗口会显示出正确的数据读入情况。右侧的【文本限定符是什么？】选项组提供了"无""单引号""双引号"和"自定义"四种选择。如果数据中的字符串变量使用了限定符进行分隔，则需要在此处进行设定。

图 2-10　文本导入设置(4)

步骤 5：在如图 2-11 所示的对话框中对各个变量做进一步的属性设定，包括更改变量名和更改数据格式类型，在下方的【数据预览】选项组中选择某一列需要更改的变量即可进行操作，如果这里不需要进行更改，可以直接单击【下一步】按钮。

图 2-11　文本导入设置(5)

步骤 6：在如图 2-12 所示的对话框中确定是否希望重复利用本次操作的选择，可以考虑将这次的文件保存为预定义格式文件，或者将本次操作粘贴为 SPSS 语句。如果直接单击【完成】按钮，随后就可以看到 SPSS 成功读入该文本数据。

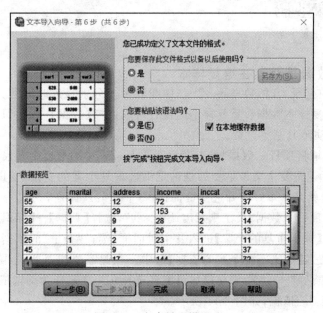

图 2-12　文本导入设置(6)

任务三 数据处理

一、数据检验

数据录入 SPSS 之后,需要先检查核对数据是否存在录入错误,有的话需要及时修正,以保证在使用数据时得到正确的分析结果。

(一)是否存在空行/空列

首先需要核对数据录入时是否存在空行或空列,这些空行或空列并不是数据缺失,而是由于在数据录入时操作的疏忽所导致的,这会影响到后继的数据分析结果。因此,我们必须将这些空行或空列查找出来并删去。检查的方法十分简单,可以单击选中某一列的变量名,右击后在弹出的菜单栏中选择【升序排序】,如果存在空行,空行将自动呈现在最前面,如图 2-13 所示。

检验空行

检验重复个案

图 2-13 查找空行

(二)变量数据是否存在重复样本

在进行大量数据录入时,数据录入工作中断或多人分别录入时经常会出现重复录入的情况,从而产生重复样本数据。重复样本的检查可以选择【数据】→【标识重复个案】命令完成,现以案例 2-1 演示其基本过程。

【案例 2-1】 请将项目二数据"员工满意度调查.sav"中的重复个案找出来。

案例分析:标识重复个案最重要的是确定筛选重复个案的变量,变量越具有区分性越好。例如,ID 编号就是一个好的筛选变量,因为每个个案只有一个号。

步骤 1:打开项目二数据"员工满意度调查.sav",选择【数据】→【标识重复个案】命令。

步骤 2:单击【标识重复的个案】进入其主对话框,选择"查重"的依据,将作为筛选重复样本标准的变量置入【定义匹配个案的依据】框中。在此需要注意的是,除非确认某筛选变量每个个案的取值是唯一的,否则建议尽可能多选择几个变量作为筛选依据,以防误判。这里把 ID 作为"查重"的依据,如图 2-14 所示。

步骤 3:标识重复个案会生成新的变量,需要对这个变量做基本设置。基本个案指示符是指对于重复个案,可以指定其中一个为主个案,其余为多余的"重复"个案。可以将第一个个案或最后一个个案设定为主个案,主个案标识变量取值为1,重复个案标识为0。这里选择系统默认状态,即【每组中的最后一个个案为基本个案】,如图2-14所示。

步骤4:单击【确定】按钮后,数据视窗的左侧将生成新的变量"最后一个基本个案",如图2-15所示,可以看到,第一个个案的变量值为"0",第二个个案为"1",这就意味着第一个个案和第二个个案是重复的,其余的数据依次类推。最后,在结果输出窗口中还会给出本次操作的信息汇总,如图2-16所示,可见一共有两个重复的个案,占总数据的20%。重复个案通常需要删除,可以对"最后一个基本个案"升序排序,然后删除前面取值为0的所有个案即可。

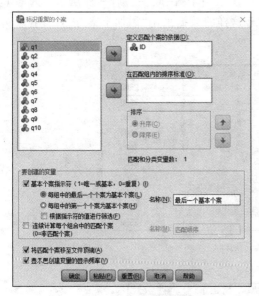

图 2-14 【标识重复的个案】对话框   图 2-15 标识重复个案生成新的新变量视图

所有最后一个匹配个案的指示符为主个案

		频率	百分比	有效百分比	累积百分比
有效	重复个案	2	20.0%	20.0%	20.0%
	主个案	8	80.0%	80.0%	100.0%
	合计	10	100.0%	100.0%	

图 2-16 重复个案输出窗口结果

二、数据的合并

在进行SPSS数据分析时,常常遇到这样的情况,需要分析的数据被分别存储在几个不同的文件中,此时我们需要将这些文件合并成一个总文件才能进行后续的统计分析。针对不同的数据构成情况,SPSS提供了两种数据文件的合并方式:一种是纵向的合并个案,另一种是横向的合并变量。

合并个案

(一)合并个案

合并个案是将若干个数据集中的数据进行纵向拼接组成一个新的数据集,合并后的数据集的个案数是原来几个数据集个案数的总和,这一方法也被称为添加个案。添加个案的特征是,个案被分散在不同的数据文件中,但这些数据文件的变量构成基本相同。需要注意的是,添加个案并不是只能添加个案,实际上在添加个案的过程中,有些变量也因为是新的而被添加进去。

【案例 2-2】 将项目二数据"职工薪酬 1.sav"和"职工薪酬 2.sav"合并。

案例分析:观察两份数据的基本结构,发现两份数据的大部分变量是相同的,只是"职工薪酬 1"(见图 2-17)比"职工薪酬 2"(见图 2-18)多了一个"民族"变量,另外从"编号"看其个案数,可以看出两份数据的个案是不同的,对于这样的数据采用"添加个案"进行合并较为妥当。

编号	性别	年龄	民族	职务	职工薪酬
001	1	28	1	1	2500
002	2	32	1	2	3600
003	2	42	1	3	3850
004	2	56	2	3	5600
005	1	33	1	1	3420
006	1	40	1	2	4200
007	1	38	1	1	4300
008	2	29	2	1	3600
009	2	31	1	1	3300
010	2	33	1	1	3500

图 2-17 职工薪酬 1

编号	性别	年龄	职位	职工薪酬
011	2	38	1	3720
012	1	35	1	3600
013	2	44	2	4600
014	1	55	3	5850
015	2	23	1	3300
016	1	26	1	3580
017	2	34	1	3580
018	1	39	1	4200
019	1	51	3	5600
020	2	43	2	4500

图 2-18 职工薪酬 2

步骤 1:首先打开两份数据文件,以其中任何一份数据作为源数据进行合并,这里选择"职工薪酬 1"作为源文件。在"职工薪酬 1"上,依次选择【数据】→【合并文件】→【添加个案】命令。

步骤 2:单击【添加个案】进入合并数据向导框,如图 2-19 所示,上面提供了已经在桌面打开的数据,如果不想合并已打开的数据,可以重新选择文件。这里选择"职工薪酬 2",单击【继续】按钮后进入添加个案对话框,如图 2-20 所示。在【非成对变量】框中显示的变量是两个数据集中没有成对的变量,这些变量名后面都附加了"*"或"+"号,"*"表示该变量名是当前活动数据集中有的变量,"+"表示该变量名是外部待合并数据文件中的变量,从图 2-20 中我们可以看出,"民族""职务"和"职位"这三个变量是没有配对成功的,后两个变量是原来的数据,第一个变量是新添加进来的变量。【新的活动数据集中的变量】框中显示的是将要合并的新数据的变量,它们都是两个待合并的数据中共有的变量名。如果希望对数据集中的变量名重新命名,可以单击【重命名】按钮重新设置变量名,这里不做改变。

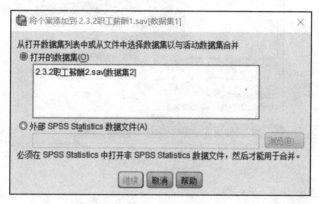

图 2-19　合并数据导向框

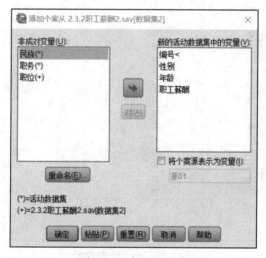

图 2-20　合并设置前

步骤 3：对于没能匹配成功的变量,我们需要进一步分析变量的关系,例如"职务"和"职位"两个变量,经过分析发现是同一个变量,所以需要对其进行强制配对,可以通过 Ctrl 键选中两者,其次单击【对】按钮把两者配对进右侧的【新的活动数据集中的变量】框。而对于"年龄"这个变量,并没有和它重复且不同名的变量,所以直接单击向右箭头进入【新的活动数据集中的变量】框便可。如果希望在合并后的数据文件中看出个案的来源,可以选中【将个案源表示为变量】复选框,此时合并后的数据文件中将自动出现名为"源 01"的变量,取值为 0 或 1。"0"表示记录来自当前活动的数据集,"1"表示被合并的外部数据集,这里也选中该选项。所有设置完成后如图 2-21 所示,最后单击【确定】按钮,提交系统分析,可以看到新的数据集已经合成,如图 2-22 所示。

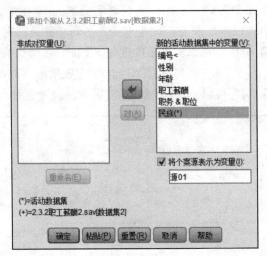

图 2-21 合并设置后

编号	性别	年龄	民族	职务	职工薪酬	源01
001	1	28	1	1	2500	0
002	2	32	1	2	3600	0
003	2	42	1	3	3850	0
004	2	56	2	3	5600	0
005	1	33	1	1	3420	0
006	1	40	1	2	4200	0
007	1	38	1	1	4300	0
008	2	29	2	1	3600	0
009	2	31	1	1	3300	0
010	2	33	1	1	3500	0
011	2	38	.	1	3720	1
012	1	35	.	1	3600	1
013	2	44	.	2	4600	1
014	1	55	.	3	5850	1
015	2	23	.	1	3300	1
016	1	26	.	1	3580	1
017	2	34	.	1	3580	1
018	1	39	.	1	4200	1
019	1	51	.	3	5600	1
020	2	43	.	2	4500	1

图 2-22 合并后的数据

步骤 4：从图 2-22 中我们可以看出，"民族"变量下有部分缺失值，那是因为新增加的数据没有这个变量所致。新数据增加了一个变量，即"源 01"，其有"0"和"1"两种取值，"0"取值是指这些个案属于源文件的，"1"取值是指新增加的个案。

（二）合并变量

合并变量是指将若干个数据文件中的变量与已有的数据变量进行合并，即在某个数据中增加变量（添加列），这一方法也被称为添加变量。添加变量的特征是，数据文件中的个案基本相同，但是每个数据文件的变量基本不同。需要注意的是，添加变量并不是只能添加变量，实际上在添加变量的过程中，有些个案也因为是新个案而被添加进去。

合并变量

【案例 2-3】 将项目二数据"职工薪酬 3.sav"和"职工薪酬 4.sav"合并。

案例分析：观察两份数据的基本结构，发现两份数据的大部分个案是相同的，只是"职工薪酬 3"（见图 2-23），比"职工薪酬 4"（见图 2-24）多了一个编号为"6"的个案；观察变量，我们可以看出，两份数据的变量部分相同，但是也有很多是不同的，对于这样的数据采用"添加变量"进行合并较为妥当。

	编号	性别	年龄	一月薪酬	二月薪酬
1	1	1	25	3300	3350
2	2	2	38	3600	3550
3	3	1	40	4600	4700
4	4	1	33	3750	3400
5	5	2	26	3250	3100
6	6	1	23	3100	3400

图 2-23 职工薪酬 3

	编号	性别	年龄	三月薪酬	四月薪酬
1	1	1	25	3520	3300
2	2	2	38	3400	3100
3	3	1	40	4200	4400
4	4	1	33	3600	3650
5	5	2	26	3300	3220

图 2-24 职工薪酬 4

步骤 1：首先打开两份数据文件，以其中任何一份数据作为源数据进行合并，这里选择"职工薪酬 3"作为源文件。在"职工薪酬 3"上，依次选择【数据】→【合并文件】→【添加变量】命令。

步骤 2：单击【添加变量】进入到合并数据向导框，如图 2-25 所示。选中"职工薪酬 4"，单击【继续】按钮后进入添加变量对话框，如图 2-26 所示。在【已排除的变量】框中显示的变量是两个数据集中重复的变量，这些变量的名称后面都附加了"+"号，从图 2-26 中可以看出，"年龄""性别"和"编号"是两份数据重复的变量。【新的活动数据集】框中显示的是合并后的新数据的变量名，该列表框中的变量名后都附加有"*"或"+"号，"*"表示该变量名是当前活动数据集中的变量，"+"表示该变量名是外部待合并数据文件中的变量。在默认情况下，如果变量名没有在两个数据集中同时出现，则 SPSS 会自动将其列入新数据文件的变量列表中。

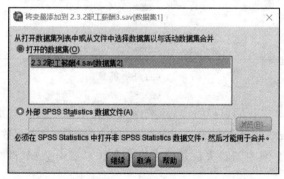

图 2-25 合并数据向导框

步骤 3：如果两个待合并的数据文件中的记录数据排列的顺序是按照记录编号横向一一对应的（即个案完全一样），则可以直接单击【确定】按钮完成合并工作，否则必须按照"关键变量"将两份数据进行匹配，实际上如果数据比较庞大，去检查数据是不是一一对应是不太方便的，所以一般都是按照匹配关键变量进行操作，这个步骤是合并变量最关键的步骤，被匹配的关键变量名必然因为重名出现在"已排除的变量"框中，由上面的分析可知，这里有"年龄""性别"和"编号"三个变量名是重复的，先选择最优的匹配变量"编号"，因为它的取值必然是唯一的，而其他变量取值有可能不是唯一的。把重复变量放进【关键变量】框前需要先选中【按照排序文件中的关键变量匹配个案】复选框。但如果仅仅以"编号"匹配，新个案的其他重复变量值是缺失的，所以还需要添加"年龄""性别"两个变量到【关键变量】框中，如图 2-27 所示，最后单击【确定】按钮，提交系统分析，系统此时会提醒关键变量是否已经按升序排好序。如果未排序，需要关闭命令先对数据进行排序，因为这里"编号"变量已经排好序，所以单击【确定】按钮就可以看到新的数据集已经合成，如图 2-28 所示。

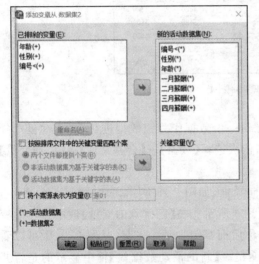 

图 2-26 添加关键变量前   图 2-27 添加关键变量后

编号	性别	年龄	一月薪酬	二月薪酬	三月薪酬	四月薪酬
1	1	25	3300	3350	3520	3300
2	2	38	3600	3550	3400	3100
3	1	40	4600	4700	4200	4400
4	1	33	3750	3400	3600	3650
5	2	26	3250	3100	3300	3220
6	1	23	3100	3400	.	.

图 2-28 合并后的数据

步骤 4：从图 2-28 中我们可以看出，新数据集的变量除了两者重复的三个变量，还增加了"一月薪酬""二月薪酬""三月薪酬""四月薪酬"四个新变量。个案数量也由原来的五个增加到了六个。第六个个案中的缺失值是因为该个案在第二份数据（即"职工薪酬 4"）上没有取值。

三、数据的拆分

拆分数据是根据某种特征将数据划分为不同的部分,以便于区别研究和比较。如果希望分组进行统计分析,或者只分析其中的一部分数据,则可以通过拆分数据集来加以实现。

数据拆分

【**案例 2-4**】 将数据集"资产明细表"按照"资产种类"变量进行拆分,并将文件拆分前后的变量"核算金额"进行统计描述。

案例分析:通过分析某公司资产明细表中的资产种类变量可以看到,企业资产可以分为固定资产、流动资产、长期资产、无形资产、递延资产。

步骤 1:打开"资产明细表"数据集,在数据文件中,依次选择【分析】→【统计描述】→【描述】,选入"核算金额"作为描述变量,如图 2-29 所示。在出现的新对话框中选择【选项】按钮,在该对话框中根据需要可以选择均值、方差、标准差、最大值最小值、范围、偏度和峰度等统计量(各统计量的详细内容在项目三中进行详细介绍),如图 2-30 所示。单击【确定】按钮得到拆分文件之前"核算金额"变量的描述统计结果,如图 2-31 所示。

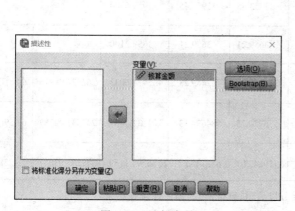

图 2-29 选择变量

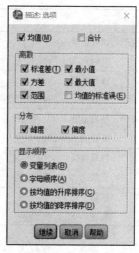

图 2-30 统计量选择

描述统计量

	N	极小值	极大值	均值	标准差	方差
核算金额	10	3659.21	984634.13	431022.2160	327827.54996	1.075E11
有效的 N(列表状态)	10					

图 2-31 数据拆分前"核算金额"的描述性统计结果

步骤 2:选择【数据】→【拆分文件】,在拆分文件对话框中单击【比较组】,选择"资产种类"变量,如图 2-32 所示。单击【确定】按钮就完成了整个数据的拆分。

步骤 3:最后对拆分完成以后的数据进行描述性统计分析,从而和之前的描述性结果进行比较。在打开的数据集中依次单击【分析】→【统计描述】→【描述】,选入"核算金额"

图 2-32　分割文件

作为描述变量,单击【确定】按钮,得到拆分以后"核算金额"的描述性统计结果,如图 2-33 所示。

资产种类		N	极小值	极大值	均值	标准差	方差
长期资产	核算金额	1	33953.45	33953.45	33953.4500	.	.
	有效的 N（列表状态）	1					
递延资产	核算金额	1	3659.21	3659.21	3659.2100		
	有效的 N（列表状态）	1					
固定资产	核算金额	3	265478.13	762489.23	465474.6033	262324.98916	6.881E10
	有效的 N（列表状态）	3					
流动资产	核算金额	3	556974.23	984634.13	701132.4867	245531.42787	6.029E10
	有效的 N（列表状态）	3					
无形资产	核算金额	2	119643.01	653145.22	386394.1150	377243.03047	1.423E11
	有效的 N（列表状态）	2					

图 2-33　数据拆分以后"核算金额"的描述性统计结果

四、数据的排序

SPSS 数据编辑窗口的记录前后次序在默认情况下是由录入时的先后顺序决定的,但在实际工作中,有时希望按照某种顺序来观察一批数据。例如,在"职工薪酬 5"数据中,将数据按照"入职年限"顺序来进行排列,以便随时检索和浏览。下面简单介绍 SPSS 提供的三种数据排序方式。

（一）单变量排序

单变量排序在 SPSS 中操作最为简单,在要排序的列变量名处右击,在弹出的快捷菜单中选择后两项"升序排序"或"降序排序"即可。

（二）多变量单向排序

多变量单项排序与单变量排序操作步骤类似,同时选中要排序的各个变量后在变量名处右击,在弹出的快捷菜单中选择"升序排序"或"降序排序"即可。这种个案排列的原理是先按第一个变量排序,当第一个变量取值相同时再对相同取值的个案按第二个变量做同向排序。

(三) 多变量混合排序

多变量混合排序是指根据多个变量各自不同的排序方式对个案进行排序,其中有的是升序,有的是降序排序,这种情况需要使用菜单中的"排序个案"进行操作。选择【数据】→【排序个案】命令后,如图 2-34 所示,在【排序依据】框中选入排序依据的各个变量,然后分别单独设置各个变量的排序方式,设置为升序的变量后有"(A)"标识,设置为降序的变量后有"(D)"标识。单击【确定】按钮提交系统分析后,系统的结果输出窗口不会输出排序的结果,通过查看数据视图可以发现个案顺序发生了改变,根据图 2-34 可以看出,"职工薪酬"升序排序,"入职年限"降序排序。

图 2-34 【排序个案】对话框

多变量混合排序

选择个案

五、选择个案

在实际统计分析中,有时并不需要对所有的个案进行统计分析,而只要求对某些特定的个案进行分析,此时就需要先选出这部分个案才能进行后续分析。例如,只分析男性员工的数据,或者只分析业务部门员工的数据。从样本中选择部分个案,这可以利用【选择个案】菜单来操作。

【案例 2-5】 打开项目二数据"各企业收入及销售情况",筛选出销售量大于 20 及销售成本大于 2000 的企业信息。

案例分析:这里筛选的条件有两个,一个为销售量大于 20,一个为销售成本大于 2000。当然,筛选的条件不仅可以是一个、两个,还可以是任意多个。多个条件的合并需要用字符"&"将条件进行链接。

步骤 1:打开项目二数据"各企业收入及销售情况.sav"依次选择【数据】→【选择个案】命令。

步骤 2:单击【选择个案】进入其主对话框,如图 2-35 所示。【选择个案】对话框由【选择】选项组和【输出】选项组组成,系统提供了五种选择个案的方式:第一,"全部个案"表示全部个案都纳入分析,不进行筛选,这是默认设置;第二,"如果条件满足"表示按指定条件进行筛选个案,这是初学者使用最多的方式;第三,"随机个案样本"表示从原始数据中按照某种条件随机抽样,使用下方的【样本】进行具体设定,可以按百分比抽取个案,或者精确设定从前若干个个案中抽取多少个个案;第四,"基于时间或个案全距"表示基于时间或个案序号来选择相应的个案,使用下方的【范围】按钮设定个案序号范围;第五,"使用筛选器变量",此时需要在其下方选择一个筛选指示变量,该变量取值非 0 的个案将被选中,进行之后的分析。

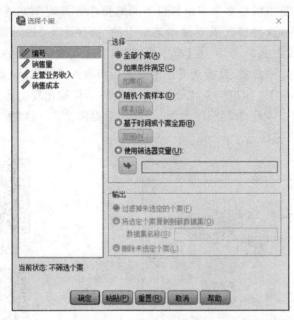

图 2-35　【选择个案】对话框

步骤 3：选择"如果条件满足"方式,单击其下方的【如果】按钮将会打开【选择个案：If】对话框,用于定义筛选条件的数学表达式,如图 2-36 所示。将左侧待筛选的变量选入右侧

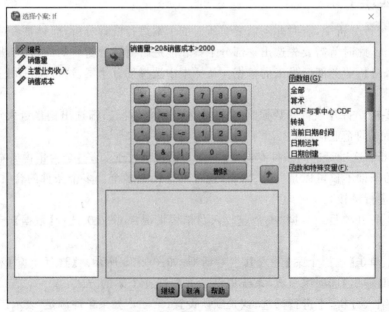

图 2-36　【选择个案：If】对话框

顶部空文本编辑框中,利用其下方的小键盘编辑变量的筛选条件,小键盘提供了最基本的算数运算方法。如果个案的筛选需要进行更复杂的函数运算,小键盘右侧的【函数组】列表框还提供了更丰富的运算函数,用户可以在【函数组】列表框中单击一个函数选入上方的文本编辑框,然后在函数公式中插入变量。这里条件有两个,一为销售量大于20,二为销售成本大于2000。双击销售量变量进入右侧的运算框,然后再编写等式,即"销售量＞20",同理,把"销售成本＞2000"在框中编辑好,因为是两个条件,需要用"&"连接,所以数学表达式最终为"销售量＞20& 销售成本＞2000"。条件设置好后单击【继续】按钮回到上一层对话框。

步骤4：选择个案的输出方式。在图 2-35 所示的对话框中,【输出】选项组提供了三种方式处理选择结果：①"过滤掉未选定的个案"。未选定的个案将不包括在分析中,但仍然保留在数据文件中,使用该选项后会在数据文件中生产命名为"filter＄"的变量,对于选定的个案该变量的值为"1",未选中的个案该变量值为"0",在数据视图中未被选中的个案号会以"/"加以标记。②"将选定个案复制到新数据集"。将选定的个案复制到新数据集时,原始数据集不会受到影响,只是另外生成了一个只包含被筛选出的个案的新数据文件。③"删除未选定个案"。直接从数据文件中删除未选定个案。需要注意的是,一旦选择此项操作原有未被选定的个案数据将从原始数据文件中删除,此外,由于此项操作不能后退撤销,因此我们要谨慎操作,以免数据丢失。如果不小心选择此项操作但还没保存文件,那可以退出文件不保存任何修改,这样才能恢复原来的完整数据。这里选择系统默认设置,即选择【过滤掉未选定的个案】,最后单击【确定】按钮,提交系统分析,输出结果如图 2-37 所示。

编号	销售量	主营业务收入	销售成本	filter_$
1	20	338291.22	1625.87	0
2	35	456283.03	2635.36	1
3	18	267482.78	1563.32	0
4	7	118755.01	892.43	0
5	33	436472.35	2367.58	1
6	40	447637.98	3364.99	1
7	26	367829.02	2194.78	1
8	13	186729.92	1390.02	0
9	22	324362.67	1863.89	0
10	29	402837.41	2473.92	1

图 2-37　选择生效后的数据界面

六、计算变量

在数据统计分析的过程中,经常需要对数据变量进行各种运算,然后得到新的变量,如数据的求和、函数运算等。在 SPSS 中可以通过选择【转换】→【计算变量】命令来产生这样的新变量,根据表达式的编写规则,大致分为算术表达式和条件表达式。

计算变量

（一）算术表达式

在变量转换的过程当中,应根据实际需要,指出按照什么方法进行变量转换。这里的方法一般以算术表达式的形式给出。算术表达式是由变量、常量、算术运算符、圆括号、函数等组成的式子。在这里,变量是指那些已经存在于数据编辑窗口中的所有变量。如果是字符型变量,应当用引号括起来。算术运算符主要由加(＋)、减(－)、乘(＊)、除(/)、乘方(＊＊)构成,其操作对象的数据类型为数值型,运算顺序以及括号的使用均遵守四则运算法则。另外,括号的输入应该是英文状态下的半角括号,否则会出错。

(二)条件表达式

在变量计算中,通常要求对不用组的个案分别按照不同的方法计算,于是就需要通过一定的方式来指定个案。SPSS条件表达式是一个对条件进行判断的式子,其结果有两种取值:如果判断条件成立,则结果为真;如果判断条件不成立,则结果为假。SPSS的条件表达式中常用的关系运算符有以下几种:<、>、<=、>=、~=,最后一个符号表示"不等于"。

【案例 2-6】 打开项目二数据"各企业销售净利率.sav",计算10家企业销售净利率。

案例分析:利用【计算变量】命令对原始数据进行必要的运算是数据整理的常见工作。【计算变量】命令还可以与【选择个案】命令结合使用。

步骤 1:打开项目二数据"各企业销售净利率.sav",选择【转换】→【计算变量】命令。

步骤 2:单击【计算变量】进入其对话框,如图 2-38 所示。在左侧【目标变量】文本框中输入欲生成的新的变量名"销售净利率"。单击【类型与标签】按钮,在弹出的对话框中可以对新变量的类型和标签进行设置,这里不做设置。在【数字表达式】框中输入新变量的数学表达式,这里输入"净利润/销售收入",如图 2-38 所示。需要注意的是,尽量利用【计算变量】对话框中的小键盘编辑数学表达式,如果要用外置键盘编辑,则要确保在英文状态下编辑数学表达式。如果仅仅对满足特定条件的个案进行计算,则可以单击【如果】按钮,进入【选择个案】对话框,选择个案的操作请参考"选择个案"的操作步骤,这里不再重复介绍。最后,单击【确定】按钮,提交系统分析,则可以看到在数据文件中新生成了一个变量"销售净利率",如图 2-39 所示。

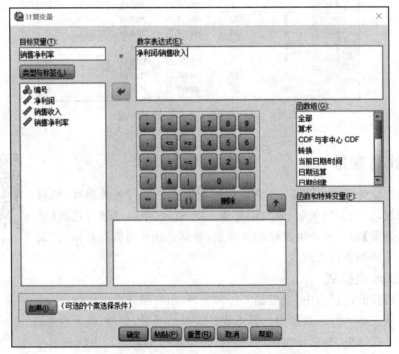

图 2-38 【计算变量】对话框

七、数据汇总

汇总就是将活动数据集中的个案组汇总为单个个案并创建新的汇总文件,或在活动数据集中创建包含汇总数据的新变量。该过程根据指定的分类变量对观测值进行分组,对每组记录的各变量求指定的描述统计量,结果可以存入新数据文件,也可以替换当前数据文件。

编号	净利润	销售收入	销售净利率
1	258.21	3658.41	.0706
2	365.45	4632.89	.0789
3	186.20	2269.14	.0821
4	96.48	1069.32	.0902
5	103.47	1698.25	.0609
6	226.37	3365.49	.0673
7	608.35	7532.10	.0808
8	821.33	8632.98	.0951
9	102.47	1863.24	.0550
10	539.36	6653.89	.0811

图 2-39 计算变量结果　　　　　　　　分类汇总

【案例 2-7】 根据"资产明细表",试分析不同类别资产的平均核算金额。

步骤 1:打开数据文件"资产明细表",选择【数据】→【分类汇总】,进入"汇总数据"主对话框,如图 2-40 所示。

步骤 2:将"核算金额"选入汇总变量,将"资产种类"选入分组变量。单击"函数"选择默认的"均值"函数。输出结果保存方式为"创建只包含汇总变量的新数据集",输入数据集名称"资产核算金额平均值",单击"确定",输出结果如图 2-41 所示。

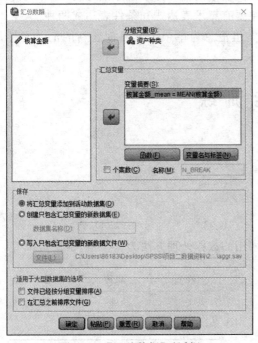

	资产种类	核算金额_mean_1
1	长期资产	33953.45
2	递延资产	3659.21
3	固定资产	465474.60
4	流动资产	701132.49
5	无形资产	386394.12

图 2-40 【汇总数据】对话框　　　　图 2-41 汇总结果显示

思政点滴

当今社会已经基本告别了传统的手工数据分析与处理的方式,数据处理已经开始走向成熟。SPSS软件对于数据分析的贡献不仅仅在于提高了数据处理的速度与效率,同时也提高了数据分析的准确性,使数据分析更加智能化。因此,我们应当意识到我们现在所享受到的每一项成果都是之前无数的科学家和学者通过不懈的努力换来的,要具备"吃水不忘挖井人"的精神,站在巨人的肩膀上不断奋斗,走得更远。

本 章 小 结

1. SPSS 中变量有三种基本类型:数值型、字符串型和日期型。根据不同的显示方式,数值型又被细分成了六种,所以 SPSS 中的变量类型共有八种。

2. 如果我们需要将数据中很多变量的属性和值标签设置为相同,可以采用以下两种方法处理。复制粘贴数据整体属性法、复制粘贴数据单个属性法。

3. 缺失值是指某个样本缺少特定变量的数据信息,它将不被纳入各种统计分析中。SPSS 中的缺失值有系统缺失值和用户缺失值两大类。

4. 外部文件的获取主要包括从 Excel 获取和从文本文件获取两大类型。

5. 数据检验主要包括数据是否存在空行/空列,数据是否存在重复样本。

6. 数据合并主要包括合并变量和合并个案。

7. 数据拆分是根据某种特征将数据划分为不同的部分,以便于分别研究和比较。

8. 数据排序主要包括单变量排序、多变量单向排序、多变量混合排序。

9. 对某些特定的个案进行分析,此时就需要先选出这部分个案才能进行后续分析。

10. 计算变量所需要用到的表达式类型主要有算术表达式和条件表达式两种。

11. 数据汇总就是将活动数据集中的个案组汇总为单个个案并创建新的汇总文件,或在活动数据集中创建包含汇总数据的新变量。

技 能 训 练

一、单选题

1. 变量名最长不能超过( )个字符。
   A. 18　　　　　B. 32　　　　　C. 64　　　　　D. 106

2. 变量名首字母不能是( )。
   A. 空格　　　　B. @　　　　　C. 3　　　　　　D. A

3. 要将以下两个表格合并为一个,可以采用的数据处理方法为( )。

姓名	年龄/岁	户籍
张三	28	河南
李四	31	山东

姓名	职称	民族
张三	助理	汉
李四	总经理	汉

A. 合并个案　　　　B. 合并变量　　　　C. 选择个案　　　　D. 计算变量
4. 计算变量过程中,如果要描述销售收入²＞100的关系表达式应该为(　　)。
　　A. 销售收入＊2＞100　　　　　　　B. 销售收入＊＊～＞100
　　C. 销售收入^2＞100　　　　　　　D. 销售收入^^＞100

二、实训题

1. 某公司某部门职员性别和工资情况调查数据,如表2-2所示。

表2-2　职员性别和工资情况的调查表　　　　　　　　　　单位:元

序号	性别	工资	序号	性别	工资
1	男	2800	11	女	4200
2	女	3200	12	男	5200
3	女	2600	13	女	3300
4	男	4100	14	男	3500
5	男	3900	15	男	4900
6	女	2700	16	女	4200
7	男	4500	17	女	2900
8	男	4700	18	男	3700
9	女	2900	19	女	3500
10	男	6000	20	男	5200

　　(1) 定义变量,将gender(性别)定义数值型变量,采用值标签形式录入;将salary(工资)定义为数值型变量,在数据窗口录入数据,将其命名为data.sav。
　　(2) 将数据文件按工资进行组距分组。
　　(3) 查找并标识工资进行大于4000元的职工。
　　(4) 按性别汇总平均工资。
　　(5) 当工资大于4000时,奖金是工资的20%;当工资小于4000时,奖金是工资的10%。假设实际收入等于奖金＋工资,计算所有职工的实际收入,并添加到income(收入)变量中。
2. 表2-3是我国的一些经济指标,请根据以下要求对该数据进行统计与分析。

表2-3　国民经济核算

时间/年	国内生产总值/亿元	人口数/亿	第一产业增加值/亿元	第二产业增加值/亿元	第三产业增加值/亿元
2005	187318.90	13.04	21806.70	88084.40	77427.80
2006	219438.50	13.11	23317.00	104361.80	91759.90
2007	270232.30	13.18	27788.00	126633.60	115810.70
2008	319515.50	13.25	32753.20	149956.80	136805.80

续表

时间/年	国内生产总值/亿元	人口数/亿	第一产业增加值/亿元	第二产业增加值/亿元	第三产业增加值/亿元
2009	349081.40	13.31	34161.80	160171.70	154747.90
2010	413030.30	13.38	39362.60	191629.80	182038.00
2011	489300.60	13.44	46163.10	227038.80	216098.60
2012	540367.40	13.51	50902.30	244643.30	244821.90
2013	595244.40	13.57	55329.10	261956.10	277959.30
2014	643974.00	13.64	58343.50	277571.80	308058.60

（1）计算出人均国内生产总值，在原数据上生成"人均国内生产总值"变量。

（2）将三大产业增加值加总，在原数据上生成"三大产业增加值"变量。

项目三

数据的描述性分析

📋 **学习目标**

1. 掌握集中趋势、离散趋势的分布形态以及有哪些基本统计指标。
2. 掌握频率分析的过程以及相应的 SPSS 的操作结果,并能对结果进行解释。
3. 掌握描述性统计分析的过程以及相应的 SPSS 的操作结果,并对结果进行解释。
4. 能够利用 SPSS 进行交叉列联表的编制和分析。

某百货商场 2021 年 7 月进货鲜鱼 1000 条,经过对该批鲜鱼的重量进行测定发现,最大重量为 1020g,最小重量为 360g,平均重量为 770g。该批鲜鱼的品种的统计表部分如表 3-1 所示。

表 3-1 鲜鱼进货统计

鲜鱼品种	数量/条
鲤鱼	330
鲅鱼	210
鲢鱼	180
草鱼	101
……	…

现在某市场监督管理部门想要了解该批的鲜鱼重量的全面数据。

在上述案例中,涉及鲜鱼商品的什么统计指标?市场监督管理部门如何进行分析?

任务一 认识变量类型

一、按数据反映的测量水平划分

根据数据反映的测量水平,可以把变量分为四种类别,即定类变量、定序变量、定距变量和定比变量。这四种变量在表示事物的属性上有高低之分。

(一)定类变量

定类变量又称分类变量、类别变量,它只反映事物的性质类别,而无高低大小之分。例如性别、民族、职业、城市、婚姻状况、公司类别、是否分配红利等。定类变量的具体类别可以用符号或数字表示,例如"1"代表男性,"2"代表女性;"是"表示分配红利,"否"表示未分配红利等。需要注意的是,用数字表示事物属性时,数字只是符号而已,并不表示大小高低。正因为类别变量不反映事物的数量特征,所以它不能进行加减乘除运算,只能做一般的频数和比例描述。

(二)定序变量

定序变量也叫作顺序变量、等级变量,它反映事物的等级高低、大小顺序、程度强弱等特征。例如,根据公司人数设置的公司规模(有大、中、小三种规模)、公司业绩排名、学历等级、家庭年收入水平、年龄段等。问卷调查中常用的计分等级,如"完全同意""比较同意""一般""不太同意""完全不同意"也是一种定序变量。定序变量中等级与等级之间也没有相等的单位,因而不能做加减乘除运算,只能做频数分析、比例分析以及等级相关、秩和检验等。

(三)定距变量

定距变量反映事物的大小高低以及数值之间的距离特征,它兼有定类变量的性质特征和定序变量的顺序特征,同时还反映事物之间的具体数值大小距离。定距变量没有实际意义的绝对零点,只是人为设置的相对零点。例如,心理学中的智商和心理健康得分,当智商和心理健康得分为 0 时,并不表示完全没有智商、没有心理健康水平。类似的变量还有温度、海拔等。但是,定距变量具有相等的单位,正因为如此,定距变量可以进行加法和减法的运算,但不能进行乘除运算。

(四)定比变量

定比变量反映事物的比例或比率关系,具有实际意义的绝对零点,并且测量单位相等。因此,定比变量不仅可以做加减法运算,还可以做乘除法运算。经济、财会领域中的很多数据都是定比变量,如收入、利润等。

二、按数据是否具有连续性划分

(一)连续变量

当变量的取值是连续的,任意相邻两个取值之间还可以取无限个其他数值时,我们称为连续变量。通常情况下,那些可以用任意小数表示的变量都是连续变量,如重量、长度、价格、工资、利润等。定比变量和定距变量都是连续变量。

(二)离散变量

当变量的取值不是连续的,而是间断的,相邻取值之间只能取有限个其他数值时,称为离散变量。通常情况下,离散变量都只能用整数而不能用小数来表示,如民族类别、公司个数和产品数量等。定类变量和定序变量都属于离散变量。

在实际统计分析中,当一个变量的取值范围比较大、取值水平比较多的时候,人们通常将其视为连续变量,以便进行各种复杂的统计分析,如年龄、人数和产品数量等变量。

任务二 认识描述统计量

一、集中趋势的测定

数据的集中趋势是指其取值的大小,描述数据集中趋势的统计量主要有平均数、中位数、分位数以及众数。

（一）平均数

平均数（mean）也称均值，它是一组数据相加后除以数据的个数得到的结果。样本平均数是度量数据水平的常用统计量，在参数估计和假设检验中经常用到。

设一组样本数据为 $x_1, x_2, \cdots, x_n$，样本量（样本数据的个数）为 n，则样本平均数用 $\bar{x}$（读作 x-bar）表示，计算公式为

$$\bar{x} = \frac{x_1 + x_2 + \cdots + x_n}{n} = \frac{\sum_{i=1}^{n} x_i}{n}$$

平均数是最常用的集中趋势统计指标，包括算术平均数、几何平均数和调和平均数等，其中最常用的是算术平均数。平均数容易受到极端值的影响，这种情况下它不能很好地代表整体数据特征。例如，一个村子有99户普通家庭，另有1户亿元富翁家庭，那么这个村子按人均收入统计出来的结果就可能是富裕的村庄，而实际情况是总体上是经济水平普通的村庄。

均值标准误差（Standard Error of Mean，S.E.Mean）就是描述这些样本均值与总体均值之间平均差异程度的统计量。

（二）中位数

中位数（median）中位数又称中点数、中数、中值，一般用 M_e 来表示。中位数是将各种数据取值从小到大排列之后中间位置的那个数。即在这组数据中，有一半的数值比它大，有一半的数值比它小。这个数可能是数据中的某一个，也可能根本不是原有的数据。例如，数列 3,5,7,9,10 的数据个数为奇数，则其中位数是 $(N+1)/2$，即第三个数字"7"。而数列 3,5,7,9,10,13 的数据个数为偶数，其中位数就是第 $N/2$ 和第 $[(N/2)+1]$ 个数的和的均值，所以该数列的中位数是第三和第四个数据的平均值，即 $(7+9)/2=8$。中位数不受极端值的影响，因此，适用于描述存在个别极端值的数据的集中趋势。

中位数适用于任意分布类型的资料，不过由于中位数只考虑居中位置，其他变量值比中位数大多少或小多少，它是无法反映出来的。所以，用中位数来描述连续变量会损失很多信息。当样本量较小时，中位数会不太稳定，并不是一个好的选择。因此，对于对称分布的资料，分析者往往优先考虑使用均数，仅仅是对均数不能使用的情况下才用中位数加以描述。

中位数的计算，对于未分组的原始资料，首先将标志值按大小排序。设排序的结果为

$$x_1 \leqslant x_2 \leqslant x_3 \leqslant \cdots \leqslant x_n$$

则中位数就可以按照下面的方式确定：

$$M_e = \begin{cases} x_{\left(\frac{n+1}{2}\right)} & (n \text{ 为奇数}) \\ \frac{1}{2}\left[x_{\left(\frac{n}{2}\right)} + x_{\left(\frac{n}{2}+1\right)}\right] & (n \text{ 为偶数}) \end{cases}$$

（三）分位数

四分位数（Quartiles）是将一组数据由小到大（或由大到小）排序后，用3个点将全部数据分为4等份，与这3个点位置上相对应的数值称为四分位数，分别记为Q1（第一四分位数）、Q2（第二、四分位数，即中位数）、Q3（第三、四分位数）。其中，Q3到Q1之间的距离的一半又称为四分位差，记为Q。四分位差越小，说明中间部分的数据越集中；四分位差越大，

则意味着中间部分的数据越分散。

十分位数(Deciles)是将一组数据由小到大(或由大到小)排序后,用9个点将全部数据分为10等份,与这9个点位置上相对应的数值称为十分位数,分别记为D1,D2,…,D9,表示10%的数据落在D1下,20%的数据落在D2下……90%的数据落在D9下。

百分位数(Percentiles)是将一组数据由小到大(或由大到小)排序后分割为100等份,与99个分割点位置上相对应的数值称为百分位数,分别记为P1,P2,…,P99,表示1%的数据落在P1下,2%的数据落在P2下……99%的数据落在P99下。

通过四分位数、十分位数和百分位数,可以大体看出总体数据在哪个区间内更为集中,也就是说,它们在一定程度上可以反映数据的分布情况。

(四) 众数

众数是一组数据中取值个数或者次数最多的数值,它同样不受数据极端值的影响,一定程度上提高了平均水平的代表性。一组数据的众数可以有多个。例如,数列1,1,2,3,3,3,4,4的众数是3,而数列1,1,2,3,3,4,4,1的众数是1和3。众数与原始数据的其他取值没有数值大小上的关联,不能给一组数据提供太多的信息,因而一般比较少用,只是有时用于粗略地了解一组数据最常见的取值。

二、离散趋势的测度

一组数据既有集中趋势又有离散趋势,离散趋势反映一组数据原始值之间的差异和波动情况,其指标被称为差异量数。例如,两个公司的员工平均月工资同样是3500元,但A公司员工之间的月工资差异可能很大,工资很低(如1500元以下)和很高(如8000元以上)的人数都较多,而B公司员工之间的月工资差异可能很小(如绝大多数员工的月工资在2500~5000元),这种情况下,单纯用集中趋势的统计指标(如均值、中位数)就难以反映这两个公司员工月工资数据的分布特点。因此,一组数据的取值分布特征通常要结合集中趋势统计指标和离散趋势统计指标来表示。例如,在统计报告中,通常用平均值和标准差结合表示变量的数据特征。常用的离散趋势统计指标主要有全距、方差、标准差等。

(一) 全距

全距也称变量数据的取值范围,即最大值减去最小值所得的数值。显然,全距越大,数据离散程度可能就越大;反之,全距越小,数据离散程度可能就越小。全距方便我们了解一组数据的分布范围广度,但是它却容易受到极端数值的影响。例如,一列数据有一个极端值1000,但是其他值的范围只是在1到10之间波动,这个时候单纯用最大值减去最小值作为离散程度的刻画指标就显得不太合适了。此外,如果单位不统一,不同数据的全距是不能进行比较的。

全距的计算公式可以表示为

$$R = X_{\max} - X_{\min}$$

(二) 方差

方差反映了一组数据偏离平均值的总体情况。将一组数据中所有的原始数值减去该组数据的平均值就得到相应离均差,所有数据离均差的平方和再除以总体的个案数就是总体的方差。方差越大,数据间的差别就越大;相反,方差越小,数据间的差别就越小。计算公式为

$$\sigma^2 = \frac{\sum_{i=1}^{n}(x_i - \mu)^2}{N}$$

式中，σ^2 为总体方差；x_i 为原始数据；μ 为总体均值；N 为总体数量。

但对于样本数据而言，方差是所有数据离均差的平方和除以自由度 $(n-1)$，其公式可以写为

$$S^2 = \frac{\sum_{i=1}^{n}(x_i - \bar{x})^2}{n-1}$$

式中，S^2 为总体方差；x_i 为原始数据；$\bar{x}$ 为总体均值；n 为总体数量。

（三）标准差

将方差开平方得到的数值即变量的标准差，其解释和方差是一样的。总体的标准差公式为

$$\sigma = \sqrt{\frac{\sum_{i=1}^{n}(x_i - \mu)^2}{N}}$$

样本的标准差的公式为

$$S = \sqrt{\frac{\sum_{i=1}^{n}(x_i - \bar{x})^2}{n-1}}$$

三、数据分布形状的描述

（一）正态分布

一组数据如果服从正态分布，那么其形状就是左右对称的"钟形"曲线，如图 3-1 所示。遵从正态分布的数据的概率规律为取均值邻近的值的概率大，而取离均值越远的值的概率越小；标准差越小，分布越集中在均值附近，标准差越大，分布越分散。所有的正态分布都可以变换为标准正态分布，标准正态分布是均值为 0、标准差为 1 的一个固定数据分布。

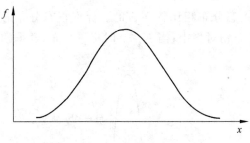

图 3-1　正态分布

（二）偏态分布

1. 偏态

偏态（skewness）是指数据分布的不对称性，这一概念是由统计学家卡尔·皮尔逊

(K.Pearson)于1895年首次提出的。测度数据分布不对称性的统计量称为偏度系数(coefficient of skewness),记作 SK。在根据原始数据计算偏度系数时,通常采用下面的公式

$$SK = \frac{\sum_{i=1}^{n}(X_i - \overline{X})^3}{n\sigma^3}$$

如果一组数据的分布是对称的,则偏度系数等于0。偏度系数越接近0,偏斜程度就越低,分布就越接近对称分布。如果偏度系数明显不等于0,则表明分布是非对称的。若偏度系数大于1或小于-1,则视为严重偏态分布;若偏度系数在0.5~1或-1~-0.5,则视为中等偏态分布;若偏度系数小于0.5或大于-0.5,则视为轻微偏度。其中,负值表示左偏分布(在分布的左侧有长尾),如图 3-2 所示,正值则表示右偏分布(在分布的右侧有长尾),如图 3-3 所示。

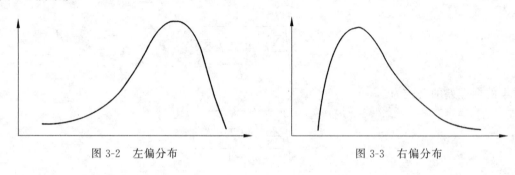

图 3-2　左偏分布　　　　　　　　　图 3-3　右偏分布

2. 峰度

峰度(kurtosis)是指数据分布峰值的高低,这一概念是由统计学家卡尔·皮尔逊于1905年首次提出的。测度一组数据分布峰值高低的统计量是峰度系数(coefficient of kurtosis),记作 K。根据原始数据计算峰度系数时,通常采用下面的公式

$$K = \frac{\sum_{i=1}^{n}(X_i - \overline{X})^4}{n\sigma^4} - 3$$

峰度通常是与标准正态分布相比较而言的。标准正态分布的峰度系数为0,当 $K>0$ 时为尖峰分布,数据的分布相对集中;当 $K<0$ 时扁平分布,数据的分布相对分散,如图 3-4 所示。

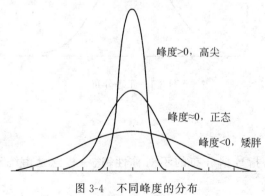

图 3-4　不同峰度的分布

任务三 用 SPSS 进行描述性统计

虽然现在各种各样先进前沿的统计方法和统计模型不断涌现,但是描述统计在整个统计学中的地位仍然是最重要的。一方面描述统计是使用最广泛的方法;另一方面是因为描述统计是其他统计分析的基础,对于后续的统计分析将起到重要的指导和参考作用。

描述性统计分析是对数据进行基础性的描述。通过得出的数据的平均值(Mean)、和(Sum)、标准差(Std Deviation)、最大值(Max)、最小值(Min)、方差(Variance)、全距(Range)、均值标准误差(S.E.Mean)、峰度(Kurtosis)、偏态(Skewness)等统计量,来估计原始数据的集中程度、离散状况和分布情况。

描述性统计

【案例 3-1】 打开数据集"A 市企业净利润统计表.sav",对其中的所有企业净利润进行描述性统计分析。

步骤 1:打开【分析】菜单,选择【描述统计】命令下的【描述】命令。需要注意的是,如果数据文件尚未打开,【分析】菜单下的任一功能都不能使用,SPSS 会弹出一个对话框,提醒用户打开文件。打开文件后,【分析】菜单下的统计功能才能正常使用。

步骤 2:选择【描述】命令后,SPSS 将打开如图 3-5 所示的"描述性"对话框。在该对话框中,可以通过单击中间的箭头按钮从左边原变量中选择一个或者几个变量进入右边的"变量"列表框中。

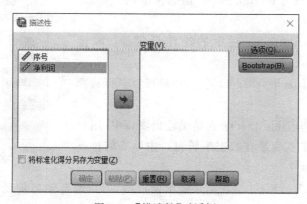

图 3-5 【描述性】对话框

对话框底部有一个"将标准化得分另存为变量"复选框,选择该项,将对"变量"列表框中被选中变量的数据进行标准化,然后将标准化的结果保存到新变量中。新变量的变量名为原变量的变量名前面添加字幕"Z",并被添加在数据编辑窗口中变量的最后一列。

数据标准化的计算公式为

$$Z = \frac{x - \mu}{\sigma}$$

式中,μ 表示样本数据的均值;σ 表示样本数据的标准差。通过标准化,可以将均值 μ、标准差为 σ 的原变量转化成为均值为 0、标准差为 1 的新变量。

> **小贴士**
>
> **为什么要进行标准化**
>
> 将数据标准化主要是为了消除量纲影响和变量自身变异大小和数值大小的影响。
>
> (1) 由于不同变量常常具有不同的单位和不同的变异程度,如果不进行标准化,它们之间的有些运算无法进行。例如,第一个变量的单位是千克,第二个变量的单位是厘米,那么在计算两个变量的极差绝对距离时将出现将两个事例中第一个变量观察值之差的绝对值与第二个变量观察值之差的绝对值相加的情况。但是,5kg的差异怎么可以与3cm的差异相加呢?
>
> (2) 不同变量自身有较大的变异时,如果不进行标准化,在计算出的关系系数时中,会使不同变量所占的比重大不相同。例如,第一变量(两水稻品种米粒中的脂肪含量)的数值在2‰~4‰,而第二个变量(两水稻品种的亩产量)的数值范围都在1000~5000。

步骤3:单击【选项】按钮,将打开【描述:选项】对话框。在如图3-6所示的对话框中,用户可以选择所要统计的统计量和图表输出方式。该对话框中各选项的意义如下。

(1) 对话框中最上面一行是均值(Mean)和合计(Sum)。

(2) 离散(Dispersion)栏中的统计量包括:标准差(Std Deviation)、最小值(Minimum)、方差(Variance)、最大值(Maximum)、范围(极差)(Range)、均值的标准误差(S.E. Mean)。

(3) 分布(Distribution)栏中的统计量包括:峰度(Kurtosis)和偏度(Skewness)。

(4) 显示顺序(Display Order)栏中,用户可以自行选择输出变量的排序方式。

① 变量列表(Variable List):在结果输出窗口中,用户选择输出的变量将按照变量在数据编辑窗口中原来的排列顺序进行排列。

图3-6 【描述:选项】对话框

② 字母顺序(Alphabetic):在结果输出窗口中,用户选择输出的变量将按照变量名的字母排列顺序进行排列。

③ 按均值的升序排序(Ascending Means):SPSS将计算每个输出变量的平均值,并按照平均值从小到大对输出变量的顺序进行排列。

④ 按均值的降序排序(Descending Means):SPSS将计算每个输出变量的平均值,并按照平均值从大到小对输出变量的顺序进行排列。

用户可在"选项"(Options)对话框的第一行、【离散】(Dispersion)栏和【分布】(Distribution)栏中选中所需统计的统计量(可多项选择)。SPSS默认的描述统计量包括均值、标准差、最小值、最大值。在"显示顺序"(Display Order)一栏里,用户只可选择种变量排序方式,SPSS的默认选项为"变量列表"(Variable List)。

步骤4:单击【继续】按钮,输出窗口中得到描述性统计分析结果的输出表格,如图3-7所示。

描述统计量

	N	极小值	极大值	均值	标准差
净利润	20	18776.46	172930.37	72050.2295	45589.91938
有效的N（列表状态）	20				

图 3-7 描述性统计分析结果

任务四 认识频数分析

一、分组标志的选择

在取得完整、正确的统计资料的前提下，统计分组的优劣是决定整个统计研究成败的关键，它直接关系到统计分析的质量，而分组标志就是分组依据的标准。

由于分组标志与分组的目的有直接关系，所以选择分组标志是统计分组的核心问题。一个统计总体可以采用多个标志进行分组，分组时所采用的分组标志不同，其分组的结果及由此得出的结论也不会相同。因为分组标志一经选定，必然表现出总体在这个标志上的差异情况，但同时又掩盖了其他标志的差异。如果分组标志选择不恰当，不但无法表现出总体统计数据的基本特征，甚至会把不同质的事物混在一起，从而掩盖和歪曲现象的本质特征，划分各组界限，就是要在分组标志的变异范围内，划定各相邻组间的性质界限和数量界限。那么如何正确选择分组标志呢？

第一，根据统计研究的目的选择分组标志。统计总体的各个单位有许多标志，选择什么标志作为分组标志，由统计研究的目的决定。例如，如果要研究全国大学生的构成情况及健康状况，调查的对象是全国大学生，即全国所有高等院校在校学生就构成了总体，而每一个在校学生就是总体单位。构成情况有许多方面，根据需要可分别选择性别、年龄、民族等作为分组标志，而健康状况可以选择身高、体重、肺活量等作为分组标志，可见，对于不同的研究目的，需要选择不同的分组标志。

第二，根据事物内部矛盾选择反映事物本质的分组标志。事物的标志多种多样，有些标志是主要的标志，能够反映事物的本质，而有的则是次要标志。例如，要研究某市教师的生活水平状况，在教师的"工资"，教师的"其他收入"和教师"家庭成员的平均收入"等标志中，最能反映教师的生活水平状况的分组标志应当是"教师家庭成员的平均收入"，因为教师的生活水平的高低不仅受工资和其他收入的影响，更重要的是受所负担家庭成员多少的影响。再如，要对企业的经济效益进行研究，可供选择的标志也很多，有绝对指标，也有相对指标。诸如资金利税率、资金产值率、商品销售率、销售利税率等，然而更能综合反映企业经济效益的则是资金利税率。因此，在进行分组时，要从统计研究的目的出发，从若干标志中选择最能反映事物本质特征的标志。

第三，根据被研究事物所处的具体条件选择分组标志。客观现象随着时间、地点、条件的变化而变化。条件变化了，事物的特征也会发生变化，也就是说，最能反映现象本质特征的标志将随之变化。例如，研究工业企业规模与劳动生产率等因素之间的关系时，需要按企业规模进行分组，而反映企业规模的标志有职工人数、生产能力、固定资产价值等，究竟选择哪一种标志作为分组标志,需要根据具体条件而定,对于劳动密集型产业,应采用职工人数作为分组标志来反映企业生产规模的大小,而对于技术密集型产业,反映企业生产规模大小就要选用固定资产价值或生产能力作为分组标志。

二、频数分组的种类

(一)品质标志分组和数量标志分组

按分组标志的性质不同可以分为品质标志分组和数量标志分组。

品质标志分组就是按照事物的质量属性分组。例如,人口按民族、职业分组,工业企业按经济类型分组等,如表3-2所示的是某企业2020年职工的性别分组。

表3-2 某企业2020年现有职工性别分组

按性别分组	人数/人	比重/%
男性	582	54.9
女性	479	45.1
总计	1061	100

数量标志分组就是按事物的数量特征分组。例如,工业企业按职工人数分组。按数量标志分组时,根据每组数量标志值的特点,又分为单项式分组和组距式分组。如表3-3所示就是一个典型的单项式分组,表3-4所示为组距式分组。

表3-3 某居民区按家庭人数分组

按家庭人数分组/人	户数/户	比重/%
1	4	4
2	36	36
3	40	40
4	12	12
5	8	8
合计	100	100

表3-4 某商业企业商品销售额与利润率统计表

按销售额分组/万元	商店数/个	利润率/%
100以下	25	11.2
100~500	70	10.6
500~1000	130	9.9
1000~3000	75	8.7
3000~5000	40	7.8
5000~10000	18	7.0
10000以上	10	6.3

(二)简单分组与复杂分组

统计分组按分组标志的多少可以分为简单分组与复杂分组。

简单分组就是对研究现象按一个标志进行分组。例如,将工业企业职业分别按年龄、工龄、文化程度等标志进行分组。简单分组只能说明被研究现象某一方面的差别情况,如表 3-5 所示。

表 3-5　某企业职工年龄分组表

按年龄分组/岁	职工数/人	比重/%
20 以下	18	2.7
20~30	97	14.6
30~40	180	27.1
40~50	322	48.5
50~60	45	6.8
60 以上	2	0.3
合计	664	100

复合分组是按两个或两个以上的标志对总体单位进行重叠分组。如对某班学生先按性别分组,再按考试成绩分组,这样可以反映性别和成绩两个因素的次数分布情况,使得分析问题更深入、更具体。但复合分组的组数会随着分组标志的增加而成倍增长,分组过多,现象的次数分布特点反而不容易反映出来。因此,在进行复合分组时,一定要结合现象的特点以及分析研究的需要选择适当的标志个数。例如,对企业职工的分析,就常用按工作岗位、年龄、工龄、文化程度等标志进行多项分组,组成分组体系,从各个方面反映企业职工的各种特征,就可对企业职工获得比较全面的认识,如表 3-6 所示。

表 3-9　某厂工人按技术等级和性别分组

按技术等级	人数/人
高级	8
男	6
女	2
中级	64
男	48
女	16
初级	147
男	102
女	45
合计	219

三、频数分布表的结构

频数分布表从形式上看,主要是由总标题、横栏标题、纵栏标题和指标数值四部分组成。总标题是频数表的名称,用于概括说明频数表中所反映的统计资料的时间、空间和内容,一般位于表的上端正中央。横栏标题一般位于表的左方,是用来说明总体及其各分组的名称。纵栏标题一般位于表的上方,通常用来表示统计指标的名称。但是横栏标题内容与纵栏标题内容的位置又不是绝对固定的,在有些情况下,可以互换。指标数值列于统计表格中横纵栏标题的交叉处。另外,频数表中的备注、资料来源、填表时间、填表单位等也是频数表的组成部分。

频数表从内容看,是由两部分组成,一部分是频数表所要说明的总体及其分组,通常称为主词;另一部分则是说明总体的统计指标,通常称为宾词,如表 3-7 所示。

表3-7　2020年A市产业发展情况

按产业类别分组	绝对数/亿元	比去年同期增长/%	比重/%
国内生产总值	35284	6.7	100
第一产业增加值	1165	3.3	3.3
第二产业增加值	18567	6.1	52.6
第三产业增加值	15555	7.2	44.1

四、频数分布表的编制

在编制频数表时应遵循科学、实用、简洁的原则。频数表的设计重点要突出,使人一目了然,便于分析和比较。这就要求设计频数表之前,要对列入表中的数据资料进行全面的分析,研究如何分组、如何设置指标,哪些指标放在主词栏,哪些指标放在宾词栏等,具体要求如下。

（一）频数分布表的内容

频数表的总标题,要以概括的文字,反映表中资料的基本内容及资料所属的时间和空间范围;频数表中各主词项目之间和宾词项目之间的顺序,应根据时间的先后、数量的大小、空间位置的顺序等合理编排;表中的指标数字应有计量单位。如果全表只有一种计量单位,通常在表头的右上方统一注明,有两个以上计量单位的,应在项目名称和指标名称的后面注明;对某些资料必须进行说明时,应在表的下面注明。

（二）频数分布表的数字

表内上下各栏数字的位数要对齐,同类数字要统一小数点后面的位数。例如,规定小数点后面保留一位小数时,如果保留的一位小数刚好是零,也应填上"0",如"17801.0 和 11191.0";表内如有相同的数字时,应全部重写一遍,不能用"同上""同左"等字样表示;不可能有数字的格子,为表明没有漏报,应当用短横线"-"填满;如果有数字但数字很小,达不到规定单位的最低数字时,可以用虚线"------"填满;如果某项资料规定免于填报,应当用符号"×"填满。总之,表内各行各栏应没有空格。

（三）频数分布表的形式

频数表的形式应长宽比例适中,一般为长方形,避免长细、短粗和正方形。在绘制统计表时,表的顶线和底线用粗线或双线绘制,一些明显的分隔部分也应用粗线或双线,其他则用细线,频数表的左右两端不封口。频数表中如果栏数较多,习惯上对主词各栏采用甲、乙次序编栏,对宾词各栏采用 1、2、3……次序编栏,若各栏统计指标值之间有一定的计算关系,可用等式表示。

任务五 用SPSS进行频数分析

一、频数分布表的SPSS过程

【案例 3-2】 打开项目三数据文件"员工职位统计.sav",对雇佣类别一栏进行频数分析,生成频数分布表。

步骤1:单击【分析】按钮,依次选择【描述统计】→【频率】按钮,进入"频率"对话框,如图3-8所示。

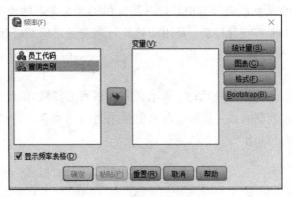

频数分布表

图3-8 【频率】对话框

步骤2:在左侧的待选变量中将"雇佣类别"选入右边的"变量"框中,选中"显示频率表格",单击【确定】按钮,生成频率表,如图3-9所示。如果需要生成描述统计分析结果,可参照任务三的操作流程。

		频率	百分比	有效百分比	累积百分比
有效	经理	2	13.3%	13.3%	13.3%
	科长	4	26.7%	26.7%	40.0%
	职员	9	60.0%	60.0%	100.0%
	合计	15	100.0%	100.0%	

图3-9 职工雇佣类别频率表

二、交叉列联表的SPSS过程

在实际分析中,除了需要对单个变量的数据分布情况进行分析外,还需要掌握多个变量在不同取值情况下的数据分布情况,从而进一步深入分析变量之间的相互影响和关系,这种分析就称为交叉列联表分析。

数据交叉列联表分析主要包括两个基本任务:一是根据收集的样本数据,产生二维或多维交叉列联表;二是在交叉列联表的基础上,对两个变量间是否存在相关性进行检验。要获得变量之间的相关性,仅仅靠描述性统计的数据是不够的,还需要借助一些表示变量间相关程度的统计量和一些非参数检验的方法。

常用的衡量变量间相关程度的统计量是简单相关系数,但在交叉列联表分析中,由于行列变量往往不是连续变量,不符合计算简单相关系数的前提条件。因此,需要根据变量的性质选择其他的相关系数,如 Kendall 等级相关系数、Eta 值等。

SPSS 提供了多种适用于不同类型数据的相关系数表达,这些相关性检验的零假设都是:行变量和列变量之间相互独立,不存在显著的相关关系。根据 SPSS 检验后得出的相伴概率(Concomitant Significance)判断是否存在相关关系。如果相伴概率小于显著性水平 0.05,那么拒绝零假设,行列变量之间彼此相关;如果相伴概率大于显著性水平 0.05,那么接受原假设,行列变量之间彼此独立。

在交叉列联表分析中,SPSS 所提供的相关关系的检验方法主要有以下三种。

(1) 卡方统计检验:常用于检验行列变量之间是否相关。计算公式为

$$\chi^2 = \sum \frac{(f_0 - f_e)^2}{f_e}$$

式中,f_e 表示期望频数;f_0 表示实际观察到的频数,由此判断行列变量之间是否相关。

(2) 列联系数:常用于名义变量之间的相关系数计算。计算公式由卡方统计量修改而得,计算公式为

$$C = \sqrt{\frac{\chi^2}{\chi^2 + N}}$$

(3) V 系数:常用于名义变量之间的相关系数计算。计算公式由卡方统计量修改而得,计算公式为

$$V = \sqrt{\frac{\chi^2}{N(K-1)}}$$

V 系数介于 0 到 1 之间,式中的 K 为行数和列数的较小的实际数。

【案例 3-3】 打开"固定资产评级.sav"回答下列问题。

(1) 该企业中,评级为"低"的固定资产有多少?

(2) 该企业中,评级为"低"的固定资产占整个固定资产的总数多大的比例?

交叉列联表

案例分析:这是一个典型的交叉分析问题,只要将"资产类别"和"评级"两个变量进行交叉就可以解决问题了。

步骤 1:打开项目三数据"固定资产评级.sav",依次选择【分析】→【描述统计】→【交叉表】命令。单机交叉表进入对话框,将左侧变量列表中要交叉分析的变量放入右侧【行】和【列】框中,这里将"资产类别"放到【行】框中,将"评级"放到【列】框中,如图 3-10 所示。

步骤 2:单击【统计量】按钮进入其对话框。如果需要对行变量和列变量的相关性进行统计检验,可以选择"卡方",输出卡方值及其显著性水平。对于分类变量(相当于定类变量)还可以输出相依系数、Phi 和 Cramer 变量、Lambda 系数、不定性系数;而对于有序变量(相当于定序变量),则可以输出 Gamma、Somers'd、Kendall 的 tau-b、Kendall 的 tau-c 系数。本例选中【卡方】复选框,如图 3-11 所示,然后单击【继续】按钮回到主对话框。

步骤 3:单击【单元格】按钮进入其对话框。【单元格】用于输出行变量和列变量交叉组

合的类别统计结果,包括观察值或期望值的计数、行和列的百分比、标准化与非标准化的残差等。根据题目的要求,本例选中【行】复选框,如图 3-12 所示。单击【继续】按钮回到主对话框。最后单击【确定】按钮,提交系统分析,输出结果如图 3-13 和图 3-14 所示。

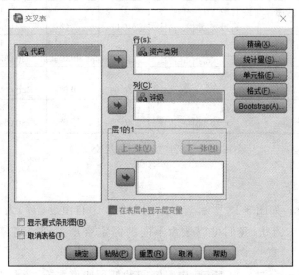

图 3-10　【交叉表】对话框

图 3-11　【交叉表：统计量】对话框

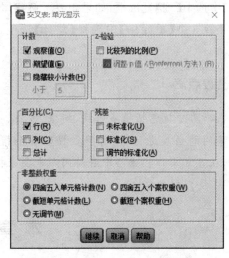

图 3-12　【交叉表：单元显示】对话框

	值	df	渐进 Sig.(双侧)
Pearson 卡方	5.500[a]	4	0.240
似然比	6.959	4	0.138
有效案例中的 N	20		

a. 9 单元格(100.0%)的期望计数少于 5。最小期望计数为 1.00。

图 3-13　资产类别与评级的交叉表卡方检验结果

资产类别与评级交叉制表

			评级			合计
			低	高	中	
资产类别	房屋	计数	2	0	3	5
		资产类别中的占比	40.0%	0%	60.0%	100.0%
	机器设备	计数	3	4	3	10
		资产类别中的占比	30.0%	40.0%	30.0%	100.0%
	交通工具	计数	3	0	2	5
		资产类别中的占比	60.0%	0.0%	40.0%	100.0%
合计		计数	8	4	8	20
		资产类别中的占比	40.0%	20.0%	40.0%	100.0%

图 3-14 资产类别与评级交叉表

步骤 4：结果解释。

（1）相关性检验。如图 3-13 所示。卡方值为 5.500，自由度（df）为 4，显著性水平（渐进 Sig.）$P=0.240>0.05$，因此，我们可以认为不同的固定资产类别的高、中、低评级分布没有显著性差异。

（2）交叉表分析。如图 3-14 所示，房屋资产的低评级资产有 2 个，占整个固定资产规模的 40%，如果要分析房屋的低评级资产占所有低评级资产的比例是多少，可以在步骤 3【单元格】中选中【列】复选框，如果想要了解房屋低评级资产占所有固定资产的比例是多少，可以在步骤 3 中【单元格】中选择【总计】选项，当然，如果一次性选择【行】、【列】和【总计】也可以。

思政点滴

数据的分析包括很多维度，均值、方差、标准差、最大值、最小值等。我们分析数据也从多个不同的角度进行，只有将数据的各个指标都进行全面的分析才能够展示事物的全貌。因此，在日常工作和生活中看待问题也要秉持着一种全面的态度，看待问题也要从多个角度出发，不要以偏概全。

本 章 小 结

1. 按照数据反映的测量水平可以将变量分为定类变量、定序变量、定距变量和定比变量。按照数据是否具有连续性可以将变量分为离散变量和连续型变量。

2. 常用于表示集中趋势的统计量有均值、中位数、分位数和众数。常用于表示离散趋势的统计量有全距、方差和标准差。

3. 偏态和峰度是描述数据的分布特征。

4. 对变量进行描述之前需要先分析变量的属性。

5. 频率、描述命令可以完成单个变量的描述性统计，交叉表可以完成多个变量关系的描述性统计。

技 能 训 练

一、单选题

1. "民族"情况属于数据分类中的（　　）。
   A. 定类变量　　　　B. 定序变量　　　　C. 定距变量　　　　D. 定比变量
2. 假设某企业一年当中每个月的净利润如表 3-8 所示，请计算该年的平均净利润为（　　）。

表 3-8　某企业一年月净利润

月份	1月	2月	3月	4月	5月	6月	7月	8月	9月	10月	11月	12月
净利润/万元	31	22	43	50	62	20	33	19	27	16	37	29

   A. 34.2　　　　　　B. 32.4　　　　　　C. 24.6　　　　　　D. 33.1
3. 对于标准差和方差而言，其数值越大，代表数据的离散程度就（　　）。
   A. 越大　　　　　　B. 越小　　　　　　C. 不变　　　　　　D. 不相关
4. 以下受极端值影响较大的统计量是（　　）。
   A. 中位数　　　　　B. 众数　　　　　　C. 平均数　　　　　D. 分位数
5. 当偏态系数为正数，说明数据的分布是（　　）。
   A. 正态分布　　　　B. 左偏分布　　　　C. 右偏分布　　　　D. U 型分布

二、多选题

1. 数据分布特征可以从（　　）方面测度和描述。
   A. 集中趋势　　　　B. 分布的偏态　　　C. 分布的峰度　　　D. 离散趋势
   E. 长期趋势
2. 受极端变量值影响的集中趋势的度量指标是（　　）。
   A. 众数　　　　　　B. 分位数　　　　　C. 算数平均数　　　D. 调和平均数
   E. 几何平均数
3. 频数分布表按照分组标志的性质不同可以分为（　　）。
   A. 品质标志分组　　B. 简单分组　　　　C. 数量标志分组　　D. 复杂分组

三、实训题

1. 表 3-9 为华强公司 2021 年经营过程当中按月统计的成本消耗情况，要求：

（1）试对其进行描述统计，得到成本消耗的最大值、最小值、均值、标准差、偏度系数和峰度系数（输出为表格形式）。

（2）对偏度系数和峰度系数进行分析（左偏/右偏、偏离程度；尖峰/扁平）。

表 3-9　华强公司 2021 年成本消耗统计表

月　份	成本/万元
1月	32.7
2月	18.9
3月	21.4

续表

月 份	成本/万元
4月	44.6
5月	58.9
6月	60.2
7月	33.8
8月	30.2
9月	65.6
10月	23.2
11月	30.8
12月	42.9

2. 表3-10为某企业员工学历和职位的统计表,请根据下表做出学历和职位的交叉列联表并分析二者的相关性。

表3-10 某企业员工学历和职位统计表

人员编号	学 历	职 位
001	专科	科长
002	本科	科员
003	硕士	经理
004	专科	科员
005	本科	科员
006	专科	经理
007	硕士	科长
008	硕士	经理
009	本科	科长
010	专科	科员
011	本科	科长
012	专科	科员
013	专科	科员

项目四

抽样推断与参数估计

学习目标

1. 理解抽样推断的基本原理。
2. 理解点估计和区间估计的基本原理。
3. 掌握区间估计的几种方法。
4. 掌握运用 Bootstrap 方法进行参数估计。

科学家做出重大贡献的最佳年龄是多少

科学家在哪个年龄段易取得重大贡献？有研究表明：杰出科学家做出重大贡献的最佳年龄为 25～45 岁，其最佳峰值年龄和首次贡献的最佳成名年龄随着时代的变化而逐渐增大。很多伟大的科学发现是由富于创造力的年轻人提出的。表 4-1 是 16 世纪中叶到 20 世纪的 12 项重大科学发现的资料。

表 4-1　16 到 20 世纪 12 项重大科学发现

科 学 发 现	科学家	年份/年	年龄/岁
太阳中心论	哥白尼	1513	40
天文学的基本定律	伽利略	1600	36
运动定律、微积分、万有引力	牛顿	1665	23
电的本质	富兰克林	1746	40
燃烧即氧化	拉瓦锡	1774	31
进化论	达尔文	1858	49
麦克斯韦方程组	麦克斯韦	1864	33
留声机	爱迪生	1877	30
放射性	居里夫人	1902	34
量子论	普朗克	1900	43

如果我们把上述科学家看作一个随机样本，根据上表数据得到，16 世纪中叶到 20 世纪有重大突破时科学家的平均年龄为 35.333 岁，95% 的置信区间为 30.65～40.01 岁。这一年龄区间是如何计算出来的？

任务一　认识抽样推断

一、抽样推断的含义

抽样推断也称为统计推断或抽样调查,是统计研究的极重要的基本方法之一。统计研究的目的是反映统计总体的本质和规律性,如果统计总体明确并且可以对总体进行全面调查的时候,就可以采用直接收集资料的方法进行调查;当满足不了有关的条件时,就只能采用抽样调查这种非全面性的调查方式进行。重点调查和典型调查都属于这种非全面性的调查方式。

抽样调查就是按照随机的原则,从总体当中选出一部分单位进行调查,借以认识总体特征的一种调查方法。从方法上讲,抽样推断包括两种类型:参数估计、假设检验。参数估计就是对总体的指标给出具体的估计值,假设检验就是根据样本的数据判断对总体的某个估计值的假设是否为真的判断。参数估计和假设检验实际上是一个问题的两个方面,它们的理论基础都是相同的。

抽样调查在具体地选择调查单位的时候是基于随机的原则的,但实际操作当中有时很难得到满足,因此抽样可以从广义和狭义两个角度进行理解。凡是从总体中选出一部分单位进行调查,从数量上对总体进行分析都可以称为抽样调查,这是广义抽样调查的含义。譬如,记者就某一个社会热点问题在街头对一些民众所做的采访,再如,工商部门对超市销售的冷冻食品进行检测时,任意地从冷柜中取出一些商品化冻后检测水的含量等。广义的抽样调查包含随机抽样和非随机抽样或者无法判定是否为随机抽样。一般意义上的抽样调查的理论是建立在狭义的抽样的基础之上的。

二、抽样推断的特点

抽样调查与其他的统计调查形式相比,具有省时省力、节约费用、简便易行的特点,具有广泛的适用性。就这种技术方法的本身而言,它还具有以下的基本特点。

(一)抽样遵循随机原则

抽样遵循随机原则是抽样调查的最主要最基本的特点。抽样推断的基本理论和方法都是建立在随机抽样的基础之上的。可以说,如果无法满足随机的原则,那么抽样推断的理论基础便不复存在了。所谓随机,是指每一个个体都有可能被选出来,调查单位的选取不受调查者主观意志的影响,完全是客观的,这一点有别于重点调查和典型调查。另外,尽管事先无法预知哪一个个体能够被选中,但却可以知道被选出来的概率,可以是等概率,也可以是不等概率,无论哪一种情况,概率都是已知的。

(二)抽样推断运用归纳法

抽样推断运用的是归纳法,是一种由部分到整体、由局部到全局的推理方法。所谓归纳法,是指由许多个别事例(如某一个样本)获得与总体相关的信息,通过具体的分析研究,最后推断出关于总体特征的方法。譬如某班有 50 位学生,现随机抽取 10 位学生,发现有 4 位男生,即男生所占比重为 40%(样本比例数),那么就有理由认为该班男生的人数占 40%(点估计),或者在 40%左右(区间估计)。

(三) 抽样误差是可以计算并预先控制的

抽样误差是抽样调查的结果与总体真实数据之间的差别,这种误差是由抽样调查这种方法的本身造成的,是一种随机性的误差,无法通过人为的方式予以消除。尽管如此,事先可以计算不同抽样方法误差的平均数,并且可以对这种误差进行控制。误差的控制包括改变抽样的方法和组织形式、确定适当的样本量以及选定不同的置信度等。如上例,如果调查的样本量增加到 20 位,那么得出的结论就有可能更接近于总体真实的数据,抽样的误差可能会变小。

三、抽样推断的作用

抽样推断作为一种非常行之有效的统计研究方法,有着非常重要且其他研究方法无法替代的作用,广泛地运用于自然科学和社会科学领域。它的作用主要包括以个方面。

(1) 对有些问题的研究无法采用全面调查的方法,必须而且也只能采用抽样推断的方式。这是抽样推断最基本的作用,常见的问题包括检测一批刚刚生产出来的电子元件的耐用时间、检测地板的耐磨程度等。这些检测本身具有破坏性,不可能进行全面调查,而只能采取抽样调查的方式。

(2) 全面调查理论上可以进行,但实际操作却非常困难。如果使用全面调查的方法进行研究,会费时费力,事倍功半,效果或许并不理想。而抽样调查却非常灵活,尽管调查的单位减少了,但调查的效果有时会更好。比如在研究人口总体时,尽管可以使用人口普查的方法,但对人口总体做 1% 的抽样调查亦不失为一种快捷有效的方法。调查单位大幅减少了,在填报过程中由于人为因素造成的登记误差也会随之有较大幅度的降低。调查的时间同时也会大幅度缩短,保证了统计调查对时效性的要求。

(3) 抽样调查的结果可以与全面调查的结果相互验证、相互补允。可以根据抽样调查的结果,对全面调查的结论进行适当的修正。

(4) 抽样调查可用于生产管理过程的质量控制。在连续生产的流水线上,可以按照系统抽样的方式随机地选出一些样品进行检测,根据检测结果来判断生产线运行正常与否,并适时进行调整与控制。

(5) 抽样推断还可以用于对总体的假设检验。根据抽样调查的结果,来判断对于总体的某些假设正确与否。

任务二 认识抽样误差

一、抽样误差

(一) 抽样误差的概念

抽样误差是指用绝对数表示的抽样指标与总体参数之间的差别。例如,对均值而言,抽样误差可以写成 $\bar{X} - \mu$;对比例而言,抽样误差可以写成 $p - \pi$。抽样误差可能为正值也可能为负值,可能很大也可能很小,或者为零。抽样误差不同于登记误差,登记误差主要是由于人为因素造成的,可能是主观的故意或者是客观的过失,而抽样误差是一种随机误差,是由于抽样调查这种方法本身造成的,是无法通过人为方式进行避免的,只能通过方法本身来解决。由于抽样误差也是一个随机变量,因此也需要确定它服从的分布以及期望值和方差等特征。

抽样误差还有一种理解方式,一般称为抽样平均误差。抽样平均误差是对所有的抽样误差计算的平均数。由于抽样误差有正有负,为避免相互抵消,这种平均数在计算的时候采用平方平均的方式。抽样平均误差的定义如下:

$$\mu_x = \sqrt{\frac{\sum (\overline{X} - \mu)^2}{M}}$$

式中,M 代表样本空间。可以看出抽样平均误差的定义相当于标准差的定义方式。

另外,抽样平均误差还有一个简便的计算公式:

$$\mu_x = \frac{\sigma}{\sqrt{n}} \quad \text{(重复抽样)}$$

$$\mu_x = \frac{\sigma}{\sqrt{n}} \sqrt{\frac{N-n}{N-1}} \quad \text{(不重复抽样)}$$

(二)影响抽样误差的因素

抽样误差的大小主要取决于样本的代表性。样本的代表性越高,抽样误差就会越小;反之就会越大。影响抽样误差的因素主要包含以下四个方面。

(1) 总体的差异程度。用标准差表示总体的差异程度,当总体的标准差越大,抽样误差就可能越大;当总体的标准差越小,抽样误差可能就越小;当总体的标准差为零时,抽样误差一定等于零。

(2) 样本容量。在其他条件不变的情况下,随着样本量的增加,样本的代表性也在增加,抽样误差会呈现逐渐降低的趋势。因此,如果条件允许的话,可以适当增加抽样的单位数。

(3) 抽样方法。与重复抽样相比,不重复抽样由于调查单位不可能重复,对于同样的样本量,调查单位可能会多一些,特别是母体比较小的时候。比如 $N=50, n=20$,对于不重复抽样,抽出的这 20 个调查单位不会是相同的,因此切切实实调查了 20 个单位;而对于重复抽样,这 20 个调查单位有可能有一些是相同的,实际调查的数量可能达不到 20 个,因此不重复抽样的代表性就会比较强,抽样误差自然可能会小一些。当总体单位数较大时,调查单位重复的可能性就比较小,不重复抽样和重复抽样的抽样误差差别就很小了。

(4) 抽样的组织形式。不同的抽样组织形式可能会导致抽样误差的不同。比如,当总体比较明显地分成不同的层次,而层次内部差异比较小,层次之间的差异程度比较大时,分层抽样的抽样误差可能就会比简单随机抽样的误差小。

任务三 认识抽样方法

一、简单随机抽样

简单随机抽样也称单纯随机抽样,指对总体不做任何预先处理直接抽取样本的抽样方式。这种抽样方式操作简单,简便易行,可以说是最符合抽样的随机原则。例如对超市中的商品进行抽检,可以直接从货架上取得样品;对企业的产品进行抽检,可以直接从生产线上取得样品等。如果一个总体内部各单位的分布比较均匀,或者总体包含的单位数不是很多时,运用简单随机抽样效率会比较高。这种抽样方式也有不足的方面,就是当总体单位数比较多、比较复杂时操作比较困难。简单随机抽样的具体方法主要包括以下三种。

(1) 直接抽选法。直接选取样本,如前述的例子。

(2) 抽签法。抽签法也可以看作抓阄法。首先给总体各单位进行编号,然后把每个编号做成一个"签",抽中哪个编号就调查哪个单位,直到抽够需要的样本量为止。

(3) 随机数码表法。同样地也是首先给总体各单位进行标号,然后按照随机数码进行抽样。

二、分层抽样

分层抽样也称类型抽样或分类抽样,是指首先把总体按照某些特征分成不同的类型(层次或组),然后从各类中抽取调查单位,形成样本的抽样方法。

例如,为了研究某市大学生的消费水平和消费结构,考虑到不同年级的大学生消费可能会有较大的差异,因此在抽样的时候就可以考虑运用分层抽样的方式。首先把大学生按照年级分为"大一""大二""大三"和"大四"四个层次,然后按适当的比例进行抽样。

三、机械抽样

机械抽样也称为等距抽样或系统抽样,是指首先把总体各单位按一定的顺序排列,然后按照相同的间隔抽取调查单位形成样本的抽样方法。

例如,总体含有 N 个单位,现从中抽取一个容量为 n 的样本,令 $k=N/n$,称为抽样间隔或抽样间距。总体各单位按一定的顺序排列后分成 n 段,每段 k 个单位。现从第一段随机地抽取一个单位 i,然后选择第 $i+k,i+2k,\cdots,i+(n-1)k$,这样就构成一个样本容量为 n 的样本。例如,$N=200,n=20,k=N/n=200/20=10$,如果第一段抽取的单位 $i=3$,则这 20 个单位依次是 $3,13,23,\cdots,183,193$。

又如,对一条自动生产线上加工的产品进行抽检,根据抽检的结果实现对生产线运行的实时控制,如果连续检测的样品质量都是合格的,那么就有理由认为生产线运行是正常的。假设生产线加工产品的数量为 60 个/min,每固定 3min 抽取一个样品,那么两个样品之间的间隔一定是相同的。在这种情况下,等距抽样实施起来会比简单随机抽样更容易些。

四、整群抽样

整群抽样也称为集团抽样,是指首先把总体划分为若干个最小的抽样单元"群",然后以"群"为单位抽取样本的方法。所谓抽样单元,是指在抽样过程中总体划分的组(或类),例如,某高校共有 1000 个班级 30000 名本科生,现采用抽样调查的方式研究学生的视力状况。首先把全部学生划分为若干个"群",这时可以把每个行政班作为一个群,然后从中按照随机的原则抽取必要的班级数量。如果某班中选,那么就对该班的每位学生都进行调查,未中选班级的学生不做调查。中选班级的全部学生构成了一个样本,这就是整群抽样。又如,对冷库中保存的一批苹果进行检查,以了解这些苹果的保存效果。一般情况下苹果都是装入纸箱中(如一箱装入 10kg),然后放入冷库进行保存。尽管调查单位是每一个苹果,但抽样时就不能以苹果为单位,而只能以箱为单位进行抽样,这时"箱"就是一个抽样单元,对抽中的"箱"做全面的调查。这种情况下,运用整群抽样的方法显然比其他的抽样方法更适合。

整群抽样有别于分层抽样,分层抽样是从每个层次中按一定的比例抽取样本,而整群抽样只是对中选的群做全面的调查。

五、多阶段抽样

多阶段抽样是指把抽样过程分成若干个阶段,每个阶段抽取若干个抽样单元,最后抽取调查单元形成样本的抽样方法。

例如,研究全国(不含港、澳、台地区)职工的工资收入情况就可以采用多阶段抽样的方式。第一阶段,把总体按地区划分为若干抽样单元(省、自治区、直辖市)进行抽样,譬如,山东省是中选的单元之一。第二阶段,把山东省再划分为若干抽样单元(市、县)进行抽样,以此类推,最后抽到具体的调查单位,即某一企业和职工。如果一个总体比较庞大,而且总体单位确定起来也有一定的难度,那么多阶段抽样就不失为一种有效的抽样方法。

任务四 认识参数估计

参数估计(parameter estimation)是用样本统计量去估计总体的参数。比如,用样本均值$\bar{x}$估计总体均值μ,用样本比例p估计总体比例π,用样本方差s^2估计总体方差σ^2,等等。如果将总体参数用符号θ来表示,将估计参数的统计量用$\hat{\theta}$表示,当用$\hat{\theta}$来估计θ的时候,$\hat{\theta}$称为估计量(estimator),而根据一个具体的样本计算出来的估计量的数值称为估计值(estimation)。比如,要估计软件行业从业人员的月平均收入,从所有从业人员中抽取一个随机样本,全行业从业人员的月平均收入就是参数,用θ表示,根据样本计算的月平均收入$\bar{x}$就是一个估计量,用$\hat{\theta}$表示。假定计算出来的样本平均收入为18000元,这个18000元就是估计量的具体数值,即估计值。

一、点估计与区间估计概述

参数估计的方法有点估计和区间估计两种。

(一)点估计

点估计(point estimation)就是用估计量的某个取值直接作为总体参数θ的估计值。例如,用样本均值$\bar{x}$直接作为总体均值μ的估计值,用样本比例p直接作为总体比例π的估计值,用样本方差s^2直接作为总体方差σ^2的估计值,等等。又如,从软件行业从业人员中抽出一个随机样本,计算的月平均收入为18000元,用18000元作为该行业从业人员月平均收入的一个估计值,这就是点估计。再如,要估计一批产品的合格率,根据样本计算的合格率为98%,将98%直接作为这批产品合格率的估计值,这也是一个点估计。

由于样本是随机抽取的,因此从一个具体的样本得到的估计值很可能不同于总体参数。点估计的缺陷是没法给出估计的可靠性,也没法说出点估计值与总体参数真实值的接近程度,因为一个点估计量的可靠性是由其概率分布的标准误差来衡量的。因此,不能完全依赖于一个点估计值,而应围绕点估计值构造出总体参数的一个区间。

（二）区间估计

假定参数是射击靶上靶心的位置，一个点估计就相当于一次射击，打在靶心位置上的可能性很小，打在靶子上的可能性却很大，用打在靶上的这个点画出一个区域，这个区域包含靶心的可能性就很大，区间估计要寻找的正是这样的一个区域。

区间估计（interval estimation）是在点估计的基础上给出总体参数估计的一个估计区间，该区间通常是由样本统计量加减估计误差（estimation error）得到的。与点估计不同，进行区间估计时，根据样本统计量的概率分布，可以对统计量与总体参数的接近程度给出一个概率度量。

在区间估计中，由样本估计量构造出的总体参数在一定置信水平下的估计区间称为置信区间（confidence interval），其中区间的最小值为置信下限，最大值称为置信上限。由于统计学在某种程度上确信这个区间会包含真正的总体参数，因此给它取名为置信区间。假定抽取 100 个样本构造出 100 个置信区间，这 100 个置信区间中有 95% 的区间包含总体参数的真值，5% 没包含，则 95% 这个值称为置信水平（confidence level）。一般地，如果将构造置信区间的步骤重复多次，则置信区间中包含总体参数真值的次数所占的比例称为置信水平，也称为置信度或置信系数（confidence coefficient）。统计上，常用的置信水平有 90%、95% 和 99%。有关置信区间的概念可用图 4-1 来表示。

图 4-1 置信区间示意图

二、置信区间的计算

（一）总体均值的置信区间

在对总体均值进行区间估计时，需要考虑总体是否为正态分布，总体方差是否已知，用于构造估计量的样本是大样本还是小样本，同时还要考虑抽样采取的方法。

(1) 方差 σ^2 已知，正态总体或非正态总体、大样本（$n \geqslant 30$）情况下均值区间估计式如下：

$$\bar{x} - z_{\alpha/2} \frac{\sigma}{\sqrt{n}} \leqslant \mu \leqslant \bar{x} + z_{\alpha/2} \frac{\sigma}{\sqrt{n}}$$

(2) 方差 σ^2 未知，正态总体、小样本情况下均值区间估计式如下：

$$\bar{x} - t_{\alpha/2} \frac{s}{\sqrt{n}} \leqslant \mu \leqslant \bar{x} + t_{\alpha/2} \frac{s}{\sqrt{n}}$$

(3) 方差 σ^2 未知，正态总体、大样本（$n \geqslant 30$）情况下均值区间估计式如下：

$$\bar{x} - z_{\alpha/2} \frac{s}{\sqrt{n}} \leqslant \mu \leqslant \bar{x} + z_{\alpha/2} \frac{s}{\sqrt{n}}$$

（二）总体比例的置信区间

在大样本下，样本比例的分布趋向于均值为总体比例 p、方差为 $p(1-p)/n$ 的正态分布。而样本比例经过标准化后的随机变量服从标准正态分布。因此，总体比例的区间估计式如下：

$$p - z_{\alpha/2}\sqrt{\frac{p(1-p)}{n}} \leqslant \pi \leqslant p + z_{\alpha/2}\sqrt{\frac{p(1-p)}{n}}$$

注意：以上区间估计式适用于重复抽样，在不重复抽样的情况下，只需要修正抽样误差，不重复抽样误差等于重复抽样误差在开平方内乘以修正因子 $(1-n/N)$。

（三）总体方差的置信区间

这里只讨论正态总体方差的估计问题。根据样本方差的抽样分布可知，样本方差服从自由度为 $n-1$ 的 χ^2 分布。因此，用 χ^2 分布构造总体方差的置信区间。因此，总体方差的区间估计式如下：

$$\frac{(n-1)s^2}{\chi^2_{\alpha/2}} \leqslant \sigma^2 \leqslant \frac{(n-1)s^2}{\chi^2_{1-\alpha/2}}$$

三、样本量的确定

在进行参数估计之前，首先应该确定一个适当的样本量，也就是应该抽取一个多大的样本来估计总体参数。在进行估计时，总是希望提高估计的可靠程度。但在一定的样本量下，要提高估计的可靠程度（置信水平），就应扩大置信区间，而过宽的置信区间在实际估计中往往是没有意义的。比如，如果说某一天会下雨，置信区间并不宽，但可靠性相对较低；如果说第三季度会下一场雨，尽管很可靠，但准确性又太差，也就是置信区间太宽了，这样的估计是没有意义的。想要缩小置信区间，又不降低置信程度，就需要增加样本量。但样本量的增加会受到许多限制，比如会增加调查的费用和工作量。通常，样本量的确定与可以容忍的置信区间的宽度以及区间设置的置信水平有一定关系。因此，如何确定一个适当的样本量，是抽样估计中需要考虑的问题。

（一）估计总体均值样本量的确定

估计总体均值的样本量的计算公式如下：

$$n = \frac{(z_{\alpha/2})^2 \sigma^2}{E^2}$$

式中，E 是使用者在给定的置信水平下可以接受的估计误差，$z_{\alpha/2}$ 的值可直接由区间估计中所用到的置信水平确定。如果能求出 σ 的具体值，就可以用上面的公式计算所需的样本量。在实际应用中，如果 σ 的值不知道，可以用以前相同或类似的样本的标准差来代替；也可以用试验调查的办法，选择一个初始样本，以该样本的标准差作为 σ 的估计值。

从上式可以看出，样本量与置信水平成正比，在其他条件不变的情况下，置信水平越大，所需的样本量就越大；样本量与总体方差成正比，总体的差异越大，所要求的样本量就越大；样本量与估计误差的平方成反比，即可以接受的估计误差的平方越大，所需的样本量就越小。

需要说明的是，根据上式计算出的样本量不一定是整数，通常将样本量取为较大的整数,也就是将小数点后面的数值进位成整数,如 24.68 取为 25、24.32 也取为 25 等,这就是样本量的圆整法则。

(二) 估计总体比例时样本量的确定

重复抽样或无限总体抽样条件下确定样本量的公式如下:

$$n = \frac{(z_{\alpha/2})^2 \pi (1-\pi)}{E^2}$$

式中的估计误差 E 必须是使用者事先确定的,大多数情况下,取 E 的值小于 0.10。$z_{\alpha/2}$ 的值可直接由区间估计中所用到的置信水平确定。如果能够求出 π 的具体值,就可以用上面的公式计算所需的样本量。在实际应用中,如果 π 的值不知道,可以用类似的样本比例来代替;也可以用试验调查的办法,选择一个初始样本,以该样本的比例作为 π 的估计值。当 π 的值无法知道时,通常取使 $\pi(1-\pi)$ 最大时的 0.5。

任务五　用 SPSS 进行抽样推断

一、Bootstrap 方法

Bootstrap 方法是美国统计学家 Bradley Efron 于 1979 年提出的一种再抽样方法,也称为自助法,是现代统计学较为流行的一种统计方法。其目的有两个:①判断原参数估计是否准确;②计算更准确的置信区间,判断得出的统计学结论是否正确。

Bootstrap 方法的核心思想和基本步骤如下。

(1) 采用重抽样技术从原始样本中抽取一定数量(自己给定)的样本,此过程允许重复抽样。

(2) 根据抽出的样本计算给定的统计量 T。

(3) 重复上述步骤 N 次(一般大于 1000),得到 N 个统计量 T。

(4) 计算上述 N 个统计量 T 的样本方差,得到统计量的方差。

例如,想要知道池塘里面鱼的数量,可以先抽取 N 条鱼,做上记号,放回池塘。进行重复抽样,抽取 M 次,每次抽取 N 条,考查每次抽到的鱼中有记号的比例,综合 M 次的比例,再进行统计量的计算。Bootstrap 方法在小样本时效果很好。

由于该方法的思想简明而深刻,操作简单,效果显著,一经提出,迅速受到统计学家们的高度关注,并掀起了强烈的研究热潮。随着关于 Bootstrap 方法的各种渐近理论的相继提出和计算机模拟技术的日渐成熟,Bootstrap 方法被广泛地应用到各个领域的统计问题中,取得了巨大的成功。

二、点估计的 SPSS 过程

【案例 4-1】　某班级学生的身高数据为"学生身高.sav",试估算出学生身高均值、方差、标准差和置信程度为 95% 时均值的置信区间。

方法一:用频次分析模块进行点估计。

步骤 1:打开项目四数据文件,将数据调入 SPSS 当中。单击【分

用频次分析
模块进行点估计

析】菜单,依次选择【描述统计】→【频率】,进入【频率】对话框,在该对话框中将左侧的待分析变量"身高"选入右侧框中,如图 4-2 所示。

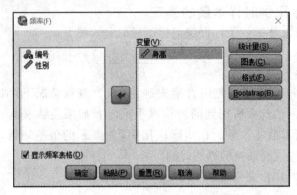

图 4-2 【频率】对话框

步骤 2:单击【统计量】按钮,弹出【频率:统计量】对话框,选择【标准差】、【方差】和右上角的【均值】复选框,如图 4-3 所示。单击【继续】按钮回到主对话框。

步骤 3:单击【确定】按钮,显示的是"学生身高"变量的点估计值的结果,如图 4-4 所示。

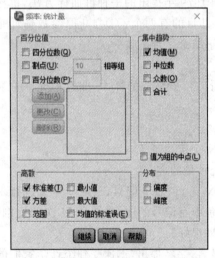

N	有效	32
	缺失	0
均值		173.4063
标准差		7.83647
方差		61.410

图 4-3 【频率:统计量】对话框   图 4-4 学生身高均值、方差、标准差的点估计值

方法二:用描述统计模块进行点估计。

步骤 1:打开项目四数据文件,将数据调入 SPSS 当中。单击【分析】菜单,依次选择【描述统计】→【描述】,进入【描述性】对话框,在该对话框中将左侧的待分析变量"身高"选入右侧框中,如图 4-5 所示。

步骤 2:单击【选项】按钮,弹出【描述:选项】对话框,选择【标准差】、【最小值】、【最大值】和【均值】复选框,如图 4-6 所示。单击【继续】按钮回到主对话框。

用描述统计模块进行点估计

步骤 3:单击【确定】按钮,显示的是"学生身高"变量的点估计值的结果,如图 4-7 所示。

项目四　抽样推断与参数估计　67

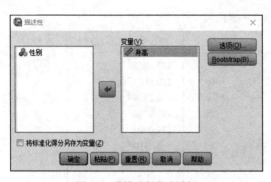

图 4-5　【描述性】对话框

图 4-6　【描述：选项】对话框

描述统计量

	N	极小值	极大值	均值	标准差
身高	32	158.00	190.00	173.4063	7.83647
有效的 N（列表状态）	32				

图 4-7　学生身高均值、方差、标准差的点估计值

三、区间估计的 SPSS 过程

【案例 4-2】　继续使用数据集"学生身高.sav"，用 SPSS 估算出学生身高的区间。

方法：用探索模块进行区间估计。

步骤 1：打开项目四数据文件，将数据调入 SPSS 当中。单击【分析】菜单，依次选择【描述统计】→【探索】，进入【探索】对话框，在该对话框中将左侧的待分析变量"身高"选入【因变量列表】框中，如图 4-8 所示。

步骤 2：单击【统计量】按钮，弹出【探索：统计量】对话框，选择描述性复选框中的均值的置信区间为 95%，如图 4-9 所示。单击【继续】按钮回到主对话框。

用探索模块
进行区间估计

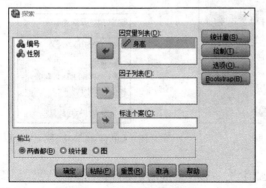

图 4-8　【探索】对话框

图 4-9　【探索：统计量】对话框

步骤 3：单击【确定】按钮，显示的是"学生身高"变量的区间估计值的结果，如图 4-10 所示。

描述

			统计量	标准误差
身高	均值		173.4063	1.38531
	均值的 95% 置信区间	下限	170.5809	
		上限	176.2316	
	5% 修整均值		173.4236	
	中值		174.0000	
	方差		61.410	
	标准差		7.83647	
	极小值		158.00	
	极大值		190.00	
	范围		32.00	
	四分位距		9.00	
	偏度		−0.081	0.414
	峰度		−0.201	0.809

图 4-10　学生身高均值 95％ 的置信区间

方法二：用比较均值模块进行区间估计。

步骤 1：打开项目四数据文件，将数据调入 SPSS 当中。单击【分析】菜单，依次选择【比较均值】→【单样本 T 检验】，进入【单样本 T 检验】对话框，在该对话框中将左侧的待分析变量"身高"填加到【检验变量】框中，如图 4-11 所示。

用比较均值模块进行区间估计

步骤 2：单击【选项】按钮，弹出【单样本 T 检验：选项】对话框，选择置信区间百分比为 95％，如图 4-12 所示。单击【继续】按钮，回到主对话框。

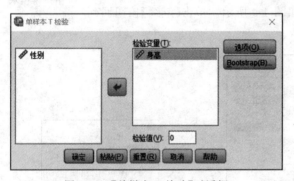

图 4-11　【单样本 T 检验】对话框

图 4-12　【单样本 T 检验：选项】对话框

步骤 3：单击【确定】按钮，显示的是"学生身高"变量的区间估计值的结果，如图 4-13 所示。

单个样本检验

	检验值 = 0				差分的 95% 置信区间	
	t	df	Sig.(双侧)	均值差值	下限	上限
身高	125.175	31	0.000	173.40625	170.5809	176.2316

图 4-13 学生身高均值 95% 的置信区间

思政点滴

"窥一斑而知全豹,处一隅而知全局。"是指观察者能够从观察的部分进而推测到事物的全貌,这是一种大局观的展现。数据分析更加要具备这种思维,在现实中出于客观因素的考虑往往不能够直接观测到整个数据的全部特征。因此要具备这样的抽样方法,并且要注重抽样的精确度和准确性,往往失之毫厘谬以千里,一个非常不起眼的误差可能给结果带来非常大的差距。同时要具备一种工匠精神,做事要做到一丝不苟,谨慎细心。

本 章 小 结

1. 抽样调查就是按照随机的原则,从总体当中选出一部分单位进行调查,借以认识总体特征的一种调查方法。

2. 抽样误差是指用绝对数表示的抽样指标与总体参数之间的差别。抽样误差不同于登记误差,登记误差主要是由于人为因素造成的,可能是主观的故意或者是客观的过失,而抽样误差是一种随机误差,是由于抽样调查这种方法本身造成的,是无法通过人为方式进行避免的,只能通过方法本身来解决。

3. 常见的抽样方法有简单随机抽样法、整群抽样、分层抽样、机械抽样、多阶段抽样。

4. 参数估计包括点估计和区间估计。

5. 区间估计包括总体均值的区间估计、总体比例的区间估计、总体方差的区间估计。

技 能 训 练

一、单选题

1. 当正态总体的方差未知时,在小样本条件下,估计总体均值使用的分布是(　　)。

　　A. 正态分布　　　　　　　　　　B. t 分布

　　C. χ^2 分布　　　　　　　　　　D. F 分布

2. 在其他条件不变的情况下,可以接受的边际误差越大,估计时所需的样本量(　　)。

　　A. 越大　　　　　　　　　　　　B. 越小

　　C. 可能大也可能小　　　　　　　D. 不变

3. 在其他条件相同的情况下,95% 的置信区间比 90% 的置信区间(　　)。

　　A. 要宽　　　　　　　　　　　　B. 要窄

　　C. 相同　　　　　　　　　　　　D. 可能宽也可能窄

4. 最符合抽样随机原则的抽样方式是（　　）。
   A. 简单随机抽样　　　　　　　　B. 整群抽样
   C. 分层抽样　　　　　　　　　　D. 机械抽样
5. 抽样误差是指（　　）。
   A. 抽样推断中各种因素引起的全部误差
   B. 登记性误差
   C. 系统性误差
   D. 随机误差

二、实训题

请根据项目四数据文件"山东省年降雨量.sav"，分别运用频次分析和描述统计模块对鲁东和鲁西的降雨量进行点估计，并运用探索模块和比较均值模块对其进行区间估计。

项目五

数据可视化分析

学习目标

1. 掌握绘图步骤,理解各种基本图形的适用范围。
2. 能够使用 SPSS 对各种图形进行绘制。

用统计图来表示数据

表 5-1 所示的数据是 2012 年 7 月 27 日至 8 月 12 日在伦敦举办的第 30 届奥运会上获得金牌数排名前 6 位的国家奖牌数的分布状况。

表 5-1　第 30 届奥运会金牌数前六

名次	国家	金牌	银牌	铜牌	总数
1	美国	46	29	29	104
2	中国	38	27	23	88
3	英国	29	17	19	65
4	俄罗斯	24	26	32	82
5	韩国	13	8	7	28
6	德国	11	19	14	44

对于上述数据,可以采取统计图的方式来表示各个国家的奖牌情况(见图 5-1)。

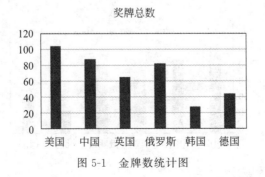

图 5-1　金牌数统计图

通过上述柱状图可以更加直观地看到本次奥运会每个国家的奖牌情况,并且便于对比。

任务一 认识统计图

一、统计图的概念

统计图是描述统计数据整理结果的另一种表现形式。它是利用几何图形或其他图形表示研究对象的特征、内部结构等相互关联的数量关系的图形,是表达统计资料的一种常用方式。与统计表相比,统计图表示的数量关系更形象、更直观,可以使阅读者一目了然地认识客观事物的状态、形成、发展趋势、分布状况等,在统计研究中的应用非常广泛。统计图有很多类型,多数统计图除了可以绘制二维平面图形,还可以绘制三维立体图形,而且图形绘制均可借助计算机来完成。

绘制统计图应遵循的原则:首先,能反映客观实际情况,统计图不同于一般的美术图,不允许夸张;绘制统计图所用的统计数据资料及绘制的统计图都必须准确,给人留下正确的印象。其次,统计图要主题突出,简明扼要绘制的统计图所表达的基本内容要简明、确切,必要时可对图中的内容附加说明。最后,统计图内容与形式要协调,统计图要根据统计数据资料和绘图目的进行绘制,同时还要确保统计图的客观与美观的结合。

统计图的绘制,一般根据实际需要明确制图目的,决定制图应用的数据资料、图式和表达方法。然后考虑统计图的分布场合和应用对象,采集并选用统计资料。

二、统计图的种类

(一)描述定性数据的图形

描述定性数据的常用图形有条形图和饼图,有时也要用到环形图和累计频数或累计频率分布图。

1. 条形图

条形图是用宽度相同的条形的高度或长度来表示数据多少的图形。条形图既可以横置也可以纵置,纵置时也称柱状图。

在表示定性数据的分布时,用条形的高度或长度来表示各类数据的频数或频率。绘制时,各类别放在纵轴,频数或频率放在横轴,为条形图;各类别放在横轴,频数或频率放在纵轴,即柱状图,如图5-2所示。

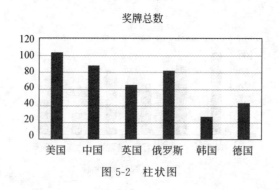

图 5-2 柱状图

2. 饼图

饼图又称圆环图,是用圆形及圆内扇形的面积来表示数值大小的图形。它主要用来描述总体中各组成部分所占的比重,也就是用于描述总体各类别的频率分布,对于研究结构性问题来说非常有用。在绘制饼图时,各类别的频率用圆内的扇形面积来表示,其中心角度按各扇形面中心顶角角度360°的相应比例来确定,如图5-3所示。如果想比较两个总体中各变量的分布情况,也可以选择环形图,如图5-4所示。

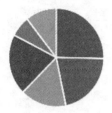

图 5-3 饼图

图 5-4 环形图

(二)描述定量数据的图形

描述定量数据的图形有很多,直方图、折线图、茎叶图和箱图是较适合显示定量数据整理结果的图形。

1. 直方图

直方图是用来描述定量数据最普及的图形,是用矩形的高度和宽度(面积)来表示频数分布的图形。在直角坐标系中,用横轴表示数据分组,纵轴表示频数或频率,这样,组与相应的频数就形成了一个矩形,即直方图,如图5-5所示。

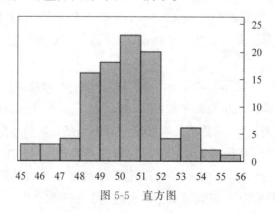

图 5-5 直方图

直方图与条形图的外形很相似,但二者是有区别的。首先,条形图是用条形的长度来表示各类别频数的多少,其宽度是固定的;而直方图则是用面积表示各组频数的多少,矩形的高度用来表示每一组的频数或频率,宽度则表示各组的组距,因此,其高度和宽度均有不同的意义。其次,由于分组数据具有连续性,直方图的各矩形通常连续排列,而条形图分开排列。最后,条形图主要用于定性数据的显示,直方图则主要用于定量数据的显示。

2. 折线图

折线图是用来显示定量数据变化的应用十分广泛的图形,如商品的价格走势、股票在某一时间段的涨跌、一段时间内的气温变化等,都可以使用折线图来分析。折线图有单式折线图和复式折线图两种。复式折线图是在单式折线图的基础上,用于反映两个空间同种现象数量变化的图形,如图 5-6 所示。

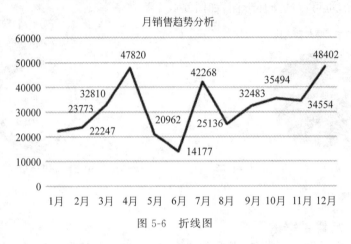

图 5-6 折线图

3. 茎叶图

利用直方图观察数据的分布很方便,但观察不到原始数据。茎叶图则不同,它不仅可以展示数据的分布,而且能保留原始数据的信息。制作茎叶图不需要对数据进行分组,特别是当数据量较少时,用茎叶图更容易看出数据的分布。茎叶图由"茎"和"叶"两部分构成,绘制时,首先把一个数字分成两部分,通常是以该组数据的高位数值作为树茎,而叶上只保留该数值的最后一个数字。例如,125 分成 12|5,12 分成 1|2,1.25 分成 12|5(单位:0.01)等。"|"前部分是茎,"|"后部分是叶。茎一经确定,叶就自然地长在相应的茎上了,叶子的长短代表了数据的分布。

如图 5-7 所示,茎叶图实际上就像一个向右侧倾倒 90°的直方图。该图的第一列为频数,代表的是所在行的观察值出现的次数;第二列代表的是茎,其数值是实际观察值除以茎宽后的整数部分;第三列是叶,其数值是实际观察值除以茎宽后的小数部分。图下方的茎宽(主干宽度)为 1,"每个叶"是说明每片叶子所代表的案例数。本例中茎宽为 1,每片叶子代表一个案例,比如第一行数据,茎为 0,第一片叶子为 8,则表示数据集中有一个弹性指数的取值为 0.8,而本行的频率为 1,则表示本行代表的是 1 个案例。

4. 箱图

箱图是根据一组数据的最大值、最小值、中位数、两个四分位数这五个特征值绘制而成的,主要用于反映原始数据分布的特征,还可以进行多组数据分布特征的比较。

箱图的绘制方法是:先找出一组数据的最大值、最小值、中位数和两个四分位数;然后,连接两个四分位数画出箱子;再将最大值和最小值与箱子相连接,中位数在箱子中间。箱线图的一般形式如图 5-8 所示。

弹性指数茎叶图

频率	茎叶
1.00	0 . 8
17.00	1 . 01222345566677789
18.00	2 . 000001112224578899
19.00	3 . 0001133456677888999
12.00	4 . 000000123356
1.00	5 . 6

主干宽度： 1.0
每个叶： 1个案例

图 5-7 茎叶图

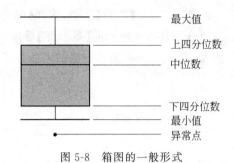

图 5-8 箱图的一般形式

三、统计图的结构及绘制原则

（一）统计图的结构

1. 图题和图号

图题是说明统计图内容的标题或名称，图号则是统计图的编号。

2. 图目

图目也称标目，是指说明纵轴、横轴所代表的类别、时间、地点、单位等文字或数字。

3. 图线

图线是指构成统计图的各种线，如基线、指导线、图示线、破格线等。

4. 图尺

图尺又称尺度，是指在统计图中测定指标数值大小的尺度，包括尺度线、尺度点、尺度数和尺度单位。

5. 图形

图形是根据市场调研资料用图示线绘成的曲线、条形或平面、立体图形。

6. 图注

图注是指统计图的注解和说明，包括图例、资料来源、说明等。

7. 其他

其他包括增强图示效果而在图形上附加的插图、装饰等。

（二）统计图的绘制原则

绘制统计图应遵循以下原则。

（1）根据研究目的和资料的性质选择统计图形。

（2）图形的设计要符合科学性原则。

（3）统计图的内容应具有鲜明性。

（4）统计图的形式和排列要有一定的艺术性。

任务二 用 SPSS 进行统计图的绘制

一、条形图的 SPSS 制作过程

【案例 5-1】 请针对项目五"住房状况.sav"的调查数据，请作出不同文化程度居民的人

均住房面积条形图。

步骤1：打开【图形】菜单,选择【旧对话框】命令下的【条形图】命令。

进入如图5-9所示的【条形图】导航对话框。在该导航对话框中,用户可以选择条形图的类型,并定义条形图中数据的表达方式。

条形图的制作

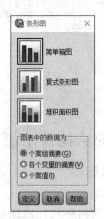

图5-9 【条形图】导航对话框

SPSS将条形图大致分为以下三种类型。

(1)简单箱图。简单箱图用等宽条带表示各类统计数据的大小,通过它可以对某一分类导向的数据之间的对比情况进行分析。

(2)复式条形图。复式条形图是相对于简单箱图中的每一个条带对应的数据基于其他变量做进一步的分类,并且用没有间距的条带表示这一次级的分类。

(3)堆积面积图。堆积条形图是相对于简单箱图中的每一个条带对应的数据基于其他变量做进一步的分类,并且用这一次级的分类数据的相对大小的比例关系,将原条形分段,并用不同的颜色或阴影填充方式来表示这种分段。

分别单击"简单箱图"按钮和选中"个案组摘要"单选按钮。

步骤2：单击【定义】按钮。进入如图5-10所示的【定义简单条形图：个案组摘要】对话框。在该对话框中,用户可以选择条形图绘制的相关细节。【条的表征】栏中,用户可以选择以下条形图中条所代表的统计量。

(1)个案数：按照分组变量分组后各组的观测数。

(2)个案数的％：按照分组变量分组后各组的观测数占总观测数的百分比。

(3)累积个数：观测数的累计数目。

(4)累积％：观测数的累计百分比。

(5)其他统计量(例如均值)：用户可以自行定义条形图中的统计量。选中该单选按钮,下面的【变量】列表框被激活,可以通过从左边原变量中选择一个分析变量进入【变量】列表框中,然后单击【更改统计量】按钮,将弹出【统计量】对话框。

选中【值的平均值】单选按钮,然后单击【继续】按钮,即可返回到【定义简单条形图：个案组摘要】对话框中。然后在【类别轴】列表框中,用户需要从左边原变量中选择一个变量作为分类变量(也称分组变量),如图5-10所示。条形图当中每个条形的长度分别代表对应各组统计量的值。

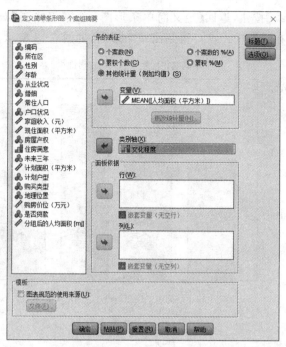

图 5-10 【定义简单条形图：个案组摘要】对话框(1)

步骤 3：单击【标题】按钮，进入【标题】对话框，在该对话框中，可以定义条形图的标题、子标题和脚注，如图 5-11 所示。单击【继续】按钮，返回【定义简单条形图：个案组摘要】对话框。单击【选项】按钮，进入如图 5-12 所示的【选项】对话框，在该对话框中，用户可以指定缺失值的处理方式和误差条形图的设定形式。在缺失值栏，可以定义分析中对缺失值的处理方式，包括成列排除个案和按变量排除个案，误差条形图表示用户可以选择置信区间、标准误差和标准差条件，并显示误差条形图。这里都采取默认设置，成列排序个案和置信区间。

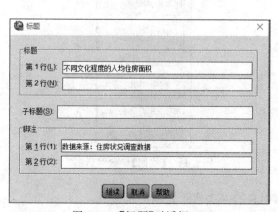

图 5-11 【标题】对话框(1)

图 5-12 【选项】对话框

步骤 4：单击【继续】按钮，返回【定义简单条形图：个案组摘要】对话框，并单击【确定】按钮，提交系统分析，在结果输出窗口得到简单条形图，如图 5-13 所示。

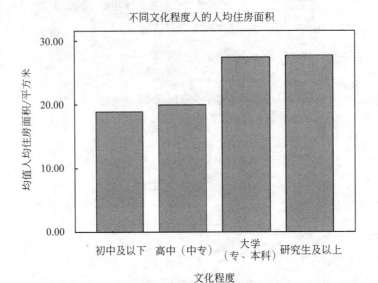

数据来源：住房状况调查数据。

图 5-13　不同文化程度居民的人均住房面积条形图

二、线图的 SPSS 制作过程

【**案例 5-2**】　请根据项目五"住房状况.sav"调查数据作出不同文化程度居民的人均住房面积折线图。

步骤 1：打开【图形】菜单，选择【旧对话框】命令下的【线图】命令，进入如图 5-14 所示的【线图】对话框。在该对话框中，用户可以选择折线图的类型，大致可以分为三种类型。

线图的制作　　　　　　　　　图 5-14　【线图】导航对话框

(1) 简单线图：单线图，一个图形中只有一条水平走向的折线。

(2) 多线线图：多线图，一个图形中有多条水平走向的折线。

(3)垂直线图:垂线图,一个图形中有多组水平走向的折线,但在水平方向上不予以连接,而只是在垂直方向上将同一时间点的数据予以连接。

选择【简单】线图和选中【个案组摘要】单选按钮。

步骤 2:单击【定义】按钮,进入如图 5-15 所示的【定义简单线图:个案组摘要】对话框。根据用户所选的线图类型和数据表达类型的不同,出现的对话框名称也不同。在该对话框中,用户首先需要指定绘图变量,即从左边原变量中选择多个需要绘制折线图的变量进入右边的"线的表征"中。绘图变量的数值将在线图的纵轴上表示。选中其他统计量,激活下面的【变量】列表框,用户需要通过将左边原变量选择一个分析变量进入右边的【变量】列表框,然后单击【更改统计量】按钮,进入【统计量】对话框,如图 5-16 所示。同时也可以定义线图的标题,单击【标题】按钮,进入【标题】对话框,如图 5-17 所示。

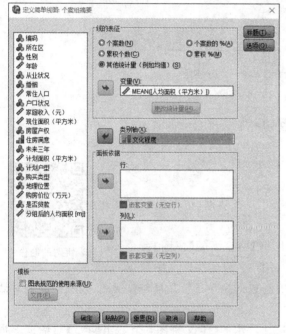

图 5-15 【定义简单线图:个案组摘要】对话框(2)

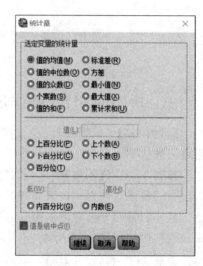

图 5-16 【统计量】对话框

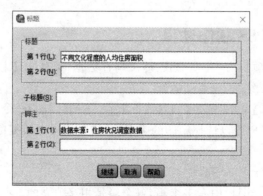

图 5-17 【标题】对话框(2)

步骤3：所有选项全部定义完毕，单击【确定】按钮，在结果输出窗口得到线图，如图 5-18 所示。

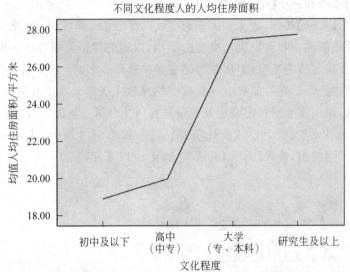

图 5-18　不同文化程度居民的人均住房面积线图

三、饼图的 SPSS 制作过程

【**案例 5-3**】　根据项目五"住房状况.sav"调查数据，请作出不同文化程度人的饼图。

步骤1：打开【图形】菜单，选择【旧对话框】命令下的【饼图】命令。进入【饼图】导航对话框。在该导航对话框中，用户可以定义饼图中数据的表达方式。【饼图】导航对话框中只有"图表中的数据为"一栏，并且与条形图、线图的导航对话框该栏的内容相同，此处省略。

饼图的制作

步骤2：单击【定义】按钮，进入如图 5-19 所示的【定义饼图：个案组摘要】对话框。根据数据的表达方式不同，出现的对话框名称也不同。操作过程与前面的条形图与线图完全一致，此处省略，结果如图 5-20 所示。

四、箱图的 SPSS 制作过程

【**案例 5-4**】　根据项目五"住房状况.sav"调查数据，请作出不同文化程度居民的购房价位箱图。

步骤1：打开【图形】菜单，选择【旧对话框】命令下的【箱图】命令，进入【箱图】导航对话框。用户可以选择箱图的类型，并定义箱图中数据的表达方式。

箱图的制作

SPSS 将箱图大致分为以下两种类型。

(1) 简单箱图：一个图形中有多个箱，各个箱是相互独立的。

(2) 复式箱图：一个图形中有多个箱，多个箱之间按照分组变量分成若干组，相同组别

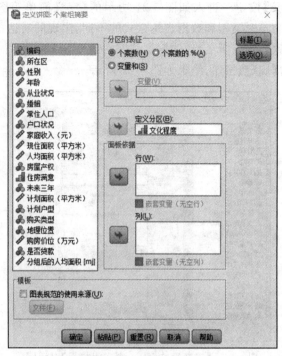

图 5-19 【定义饼图：个案组摘要】对话框

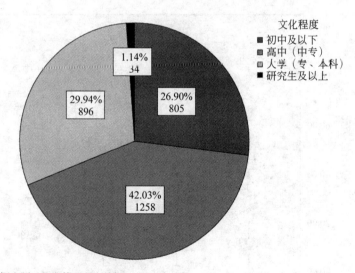

数据来源：住房状况调查数据。

图 5-20 不同文化程度居民饼图

的箱集中放置,以方便用户进行比较。

图表中的数据为栏：可以选择如下数据表达类型。

(1) 个案组摘要：用分类值作图,箱图中每一条线代表测量的一个分类。

(2) 各个变量的摘要：用变量值作图,箱图中每一条线代表一个变量。

这里选择"简单箱图"和"个案组摘要"为例,阐述箱图的绘制步骤。

步骤 2：单击【定义】按钮。进入如图 5-21 所示的【定义简单箱图：个案组摘要】对话框。根据用户所选择的箱图类型和数据表达方式的不同，出现的对话框名称也不同，但对话框的主体内容大体一致。将分析变量"购房价位"放入【变量】框中，将分类变量"文化程度"放入【类别轴】中，单击【确定】按钮，结果如图 5-22 所示。

图 5-21　【定义简单箱图：个案组摘要】对话框

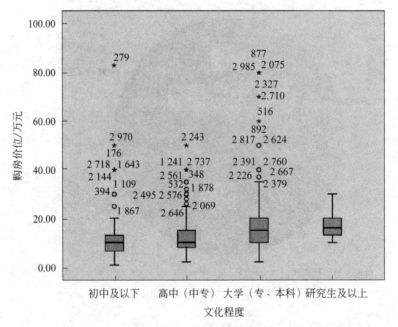

图 5-22　购房价位箱图

步骤 3：箱图是一种可以将原始数据的数值与频率分布大致呈现的统计图。箱体的上下两边分别对应上四分位数（Q3，即百分等级 75 对应的数值）和下四分位数（Q1，即百分等级 25 对应的数值）。箱体内部的横线是中位数，上四分位数与下四分位数之差就是四分位距(QR)。距离箱体上下端各 1.5 个 QR(即 Q3+1.5QR,Q1-1.5QR)的两条横线之间的数值范围为内限,超过这两条横线之外的数值被认定为异常值,用"O"表示;而距离箱体上下两端各三个 QR(即 Q3+3QR,Q1-3QR)的数值范围称为外限,超过外限的数值为极端值,用"★"表示。由图 5-22 可知,不同文化程度人的"购房价位"的异常值("O"旁的数字为其原始数据中对应的记录号)和极端值的数量不同。在统计分析中,极端值和异常值通常需要考虑删除。

五、直方图的 SPSS 制作过程

【案例 5-5】 根据项目五"住房状况.sav"查数据,作出家庭收入直方图。

步骤 1:打开【图形】菜单,选择【旧对话框】命令下的【直方图】命令。进入如图 5-23 所示的【直方图】对话框。

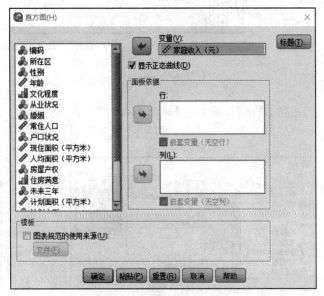

直方图的制作

图 5-23 【直方图】对话框

步骤 2:在该对话框中,将左边原变量中选择一个变量作为分析变量进入【变量】列表框中。SPSS 自动将分析变量进行频数分析,并根据各个频数分布段绘制直方图。直方图的横轴代表分析变量数据的频数区间,纵轴代表每个区间的频数。若选中【显示正态曲线】复选框,SPSS 将在频数分布图中绘制正态分布曲线,以方便将数据与正态分布进行比较,判断样本数据是否符合正态分布。剩下的操作与前面的案例完全相同,此处省略,结果如图 5-24 所示。

六、茎叶图的 SPSS 制作过程

【案例 5-6】 根据项目五"住房状况.sav"调查数据,请作出家庭收入茎叶图。

步骤 1:打开数据,依次单击【分析】→【描述统计】→【探索】,进入【探索】对话框,如图 5-25 所示,将"家庭收入"选入【因变量列表】框,单击右侧

茎叶图的制作

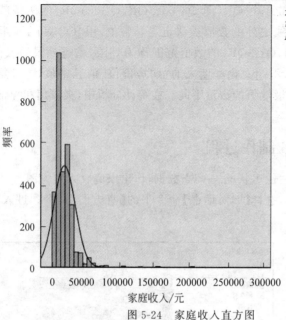

图 5-24　家庭收入直方图

的【绘制】按钮,进入【探索:图】对话框,如图 5-26 所示,在"描述性"框中选中"茎叶图"复选框。

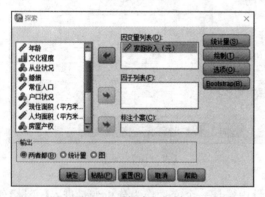

图 5-25　【探索】对话框

图 5-26　【探索:图】对话框

步骤 2：单击【继续】按钮返回主对话框,然后单击【确定】按钮,输出结果如图 5-27 所示。

思政点滴

数据有时非常复杂,有时非常直观,关键在于我们如何科学合理地使用统计图来展示统计数据和资料,有时候同样的一组数据采用不同的统计图可能会产生不一样的效果。比如百分比型的数据我们更倾向于采用饼图而不是线图,因为它更能反映数据的分布比例,而分类数据我们更倾向于采用条形图,因为更方便比较不同类别的数量特征。因此,将数据的特征推广到现实,我们在与其他人进行合作的时候,要看到每一个人不用的长处和特点,充分发掘他人的闪光点,取长补短,相得益彰。

```
家庭收入（元） Stem-and-Leaf Plot

 Frequency    Stem &  Leaf

     4.00        0 .  1
    79.00        0 .  2222222333333333
   154.00        0 .  4444444444455555555555555555
   208.00        0 .  6666666666666666666666777777777777777777
   221.00        0 .  888888888888888888888888888899999999999999999
   463.00        1 .  00000000000000000000000000000000000000000000000000000000000011111
   305.00        1 .  2222222222222222222222222222222222222222222223333333333
   280.00        1 .  44444444455555555555555555555555555555555555555555
    58.00        1 .  666666666777
    82.00        1 .  88888888888888889
   446.00        2 .  0000000000000000000000000000000000000000000000000000000000000000000111
    32.00        2 .  222233
   195.00        2 .  4444444444444444444445555555555555555
    23.00        2 .  6667
    13.00        2 .  888
   177.00        3 .  00000000000000000000000000000000000&
    12.00        3 .  223
    25.00        3 .  45555
   216.00  Extremes    (>=36000)

 Stem width:  10000.00
 Each leaf:      5 case(s)

 & denotes fractional leaves.
```

图 5-27　家庭收入茎叶图

本 章 小 结

1. 常见的统计图有直方图、条形图、线图、箱图、饼形图、茎叶图等基本图形。

2. 饼图只能使用一个数据系列，适合数据较少的情形，常用来表示面积和比例。

3. 线图是基本的统计图形之一，常用来描述与时间相关的变量的变化趋势、变量的观测值分布或两个变量的依存关系。

4. 茎叶图将大小基本不变或变化不大的数作为一个主干（茎），将变化大的数作为分枝（叶），列在主干的后面。

5. 箱线图又称为箱型图、箱图、盒须图或盒式图，是一种用作显示一组数据分散情况资料的统计图。

技 能 训 练

一、单选题

1. 直方图与条形图的区别之一是（　　）。

　A. 直方图的各矩形通常是连续排列的，而条形图则是分开的

　B. 条形图的各矩形通常是连续排列的，而直方图则是分开的

　C. 直方图主要用于描述分类数据，条形图则主要用于描述数值型数据

　D. 直方图主要用于描述各类别数据的多少，条形图则主要用于描述数据的分布

2. 随机抽取 500 个消费者的支出随机样本,得到他们每月的消费支出数据。研究者想观察这 500 个消费者生活费支出的分布状况,应该选择的描述图形是(　　)。

　　A. 帕累托图　　　　B. 环形图　　　　C. 散点图　　　　D. 雷达图

3. 为了研究多个不同变量在不同样本间的相似性,适合采用的图形是(　　)。

　　A. 环形图　　　　B. 茎叶图　　　　C. 雷达图　　　　D. 直方图

4. 某大学的教学管理人员想分析经济管理类专业学生的统计学考试分数与数学考试分数之间是否存在某种关系,应该选择的描述图形是(　　)。

　　A. 散点图　　　　B. 条形图　　　　C. 饼图　　　　　D. 箱线图

二、实训题

1. 根据项目五"住房状况.sav"调查数据,请作出:①不同从业状况的人均住房面积条形图;②不同从业状况的人均住房面积线图;③不同从业状况的人均住房面积饼图;④不同从业状况的购房价位箱图;⑤人均住房面积直方图。

2. 某研究者调查了甲、乙两地各 240 例被访者对互联网的使用情况,资料如表 5-2 所示,请绘制饼图。

表 5-2　甲、乙两地各 240 例被访者对互联网的使用情况表

地区	每天上网	经常上网	偶尔上网	从不上网	合计
甲地	49(19.84%)	92(37.25%)	65(26.31%)	41(16.60%)	247(100%)
乙地	62(21.83%)	113(39.79%)	67(23.59%)	42(14.79%)	284(100%)
合计	111(20.90%)	205(38.61%)	132(24.86%)	83(15.63%)	531(100%)

项目六

假设检验

学习目标

1. 掌握假设检验的基本思想和步骤。
2. 掌握单样本 T 检验的 SPSS 操作及结果解释。
3. 掌握独立样本 T 检验的 SPSS 操作及结果解释。
4. 掌握成对样本 T 检验的 SPSS 操作及结果解释。

案例引入

商家欺骗了消费者吗

消费者协会接到消费者投诉,指控某品牌纸包装饮料存在容量不足,有欺骗消费者之嫌。包装上标明的容量为 250mL,消费者协会从市场上随机抽取 50 盒该品牌纸包装饮料,测试发现平均含量为 248mL,小于 250mL。按历史资料,总体的标准差为 4mL,这是生产中正常的波动,还是厂商的有意行为?消费者协会能否根据该样本数据,判定饮料厂商欺骗了消费者呢?

任务一 了解假设检验

一、假设问题的提出

【案例 6-1】 由统计资料得知,1989 年某地的新生儿的平均体重为 3190g,现从 1990 年的新生儿中随机抽取 100 个,测得其平均体重为 3210g,问 1990 年的新生儿与 1989 年相比,体重有无显著差异?

解:从调查结果看,1990 年新生儿的平均体重为 3210g,比 1989 年新生儿的平均体重 3190g 增加了 20g,但这 20g 的差异可能源于不同的情况。一种情况是,1990 年新生儿的体重与 1989 年相比没有什么差别,20g 的差异是由于抽样的随机性造成的;另一种情况是,抽样的随机性不可能造成 20g 这样大的差异,1990 年新生儿的体重与 1989 年新生儿的体重相比确实有所增加。

上述问题的关键点是,20g 的差异说明了什么?这个差异能不能用抽样的随机性来解释?为了回答这个问题,我们可以采取假设的方法。假设 1989 年和 1990 年新生儿的体重没有显著差异,如果用 u_0 表示 1989 年新生儿的平均体重,u 表示 1990 年新生儿的平均体重,我们的假设可以表示为 $u=u_0$ 或 $u-u_0=0$,现要利用 1990 年新生儿体重的样本信息检验上述假设是否成立。如果成立,说明这两年新生儿的体重没有显著差异;如果不成立,说明 1990 年新生儿的体重有了明显增加。在这里,问题是以假设的形式提出的,问题的解决方案是检验提出的假设是否成立。所以假设检验的实质是检验我们关心的参数——1990 年的新生儿总体平均体重是否等于某个我们感兴趣的数值。

二、假设的表达式

统计的语言是用一个等式或不等式表示问题的原假设。在新生儿体重这个例子中,原假设采用等式的方式,即

$$H_0: u = 3190g$$

这里 H_0 表示原假设(null hypothesis)。由于原假设的下标用 0 表示,所以有些文献中将此称为"零假设"。u 是我们要检验的参数,即 1990 年新生儿总体体重的均值。该表达式提出的命题是,1990 年的新生儿与 1989 年的新生儿在体重上没有什么差异。显然,3190g 是 1989 年新生儿总体的均值,是我们感兴趣的数值。如果用 H_0 表示感兴趣的数值,原假设更一般的表达式如下:

$$H_0: u = u_0$$

或

$$u - u_0 = 0$$

尽管原假设陈述的是两个总体的均值相等,却并不表示它是既定的事实,仅是假设而起。如果原假设不成立,就要拒绝原假设,而需要在另一个假设中做出选择,这个假设称为备择假设(alternative hypothesis)。在我们的例子中,备择假设的表达式如下:

$$H_1: u \neq 3190g$$

H_1 表示备择假设,它意味着 1990 年的新生儿与 1989 年的新生儿在体重上有明显差异。备择假设的一般表达式如下:

$$H_1: u \neq \mu_0$$

或

$$u - u_0 \neq 0$$

原假设与备择假设互斥,肯定原假设,意味着放弃备择假设;否定原假设,意味着接受备择假设。由于假设检验是围绕着对原假设是否成立而展开的,所以有些文献也把备择假设称为替换假设,表明当原假设不成立时的替换。

三、两类错误

对于原假设提出的命题,我们需要做出判断,这种判断可以用"原假设正确"或"原假设错误"来表述。当然,这是依据样本提供的信息进行判断的,也就是由部分来推断总体。因而判断有可能正确,也有可能不正确,也就是说,我们面临着犯错误的可能。所犯的错误有两种类型,第 I 类错误是原假设 H_0 为真却被我们拒绝了,犯这种错误的概率用 α 表示,所以 α 也称错误或弃真错误;第 II 类错误是原假设为伪我们却没有拒绝,犯这种错误的概率用 β 表示,所以也称 β 错误或取伪错误。在前面的例子中,α 错误和 β 错误分别意味着什么呢?

α 错误：原假设 $H_0: \mu = 3190g$ 是正确的，但我们做出了错误的判断，认为 $H_0: \mu \neq 3190g$，即在假设检验中拒绝了本来是正确的原假设，这时犯了弃真错误。

β 错误：原假设 $H_0: \mu = 3190g$ 是错误的，但我们做出了正确的判断，认为 $H_0: \mu = 3190g$ 是成立的，即在假设检验中没有拒绝本来是错误的原假设，这时犯了弃真错误。

由此看出，当原假设 H_0 为真，我们却将其拒绝，犯这种错误的概率用 α 表示，那么，当 H_0 为真，我们没有拒绝 H_0，则表明做出了正确的决策，其概率自然为 $1-\alpha$；当原假设 H_0 为伪，我们却没有拒绝 H_0，犯这种错误的概率用 β 表示，那么，当 H_0 为伪，我们拒绝 H_0，这也是正确的决策，其概率为 $1-\beta$，正确决策和犯错误的概率可以归纳为表6-1。

表6-1 假设检验中各种可能结果的概率

项目	没有拒绝 H_0	拒绝 H_0
H_0 为真	$1-\alpha$（正确决策）	α（弃真错误）
H_0 为伪	β（取伪错误）	$1-\beta$（正确决策）

四、检验的方向性

在假设检验中，如果备择假设没有特定的方向性，即含有符号"$\neq$"，则称为双侧检验；如果备择假设的方向为"$>$"，则称为右侧检验；如果备择假设的方向为"$<$"，则称为左侧检验。

任务二 掌握假设检验的流程

一、提出原假设和备择假设

【案例6-2】 一项研究表明，采用新技术生产后，将会使产品的使用寿命 μ 明显延长到1500h以上。请问原假设和备择假设是什么？

解：如果研究者想要支持这个观点，那么备择假设就应该是"使用寿命 μ 大于1500h"，则原假设（研究者收集证据予以反对的假设）就应该是"使用寿命 μ 不大于1500h"，建立的原假设和备择假设通常写为

$$H_0: \mu \leqslant 1500$$
$$H_1: \mu > 1500$$

此例的备择假设含有"$>$"，因此属于单侧检验中的右侧检验。

【案例6-3】 某厂商声称其产品合格率不低于99%，研究者抽检出一批产品，运用假设检验的方法来判断厂商的声明是否可信。请问原假设和备择假设是什么？

解：研究者想要收集证据予以支持的假设是"合格率低于99%"，想要收集证据予以反对的假设是"合格率不低于99%"（如果不是，则抽检没有意义）。相应的原假设和备择假设应该写为

$$H_0: \pi \geqslant 99\%$$
$$H_1: \pi < 99\%$$

此例中的备择假设含有"$<$"，因此属于单侧检验中的左侧检验。

【案例6-4】 某公司收到一批零件，假定该零件的规格要求为每件的长度均为4cm，大

于或小于 4cm 均属于不合格,由质检人员决定是接受还是退还货物。请问原假设和备择假设是什么?

解:对于此问题,质检人员想要收集证据支持的是"产品不合格",想要收集证据反对的是"产品合格",如果质检人员相信产品是合格的,那就不存在抽检的必要。该问题建立的原假设和备择假设应该是

$$H_0: \mu = 4$$
$$H_1: \mu \neq 4$$

此例中的备择假设含有"≠"没有明确的方向性,因此属于双侧检验或双尾检验。

二、选择检验方法,确定检验统计量

检验统计量可以由下列公式计算:

$$标准化检验统计量 = \frac{点估计量 - 假设值}{点估计量的抽样标准差}$$

假设检验的方法常以检验统计量服从的分布命名,常用的检验方法有 Z 检验(对应正态分布的检验统计量)、T 检验、χ^2 检验、F 检验。

三、规定显著性水平,确定拒绝域和接受域

显著性水平是假设检验中犯第 Ⅰ 类错误的概率,即原假设为真时,拒绝原假设的概率,同时也是一次试验中小概率事件发生的概率,通常表示为 α。显著性水平 α 不是计算出来的,而是由研究者事先给定的,一般给定的 α 值有 0.01、0.05、0.10。根据给定的显著性水平,可以在统计量的分布表上找到相应的临界值(critical value),由显著性水平和相应的临界值围成的区域称为拒绝域(rejection region),如果统计量的值落在拒绝域内就拒绝原假设,否则不拒绝原假设。拒绝域的大小与显著性水平有关,当样本量固定时,显著性水平越小,拒绝域的面积越小。

四、做出统计决策

假设检验的第四步就是根据标准化检验统计量的值与临界值进行比较,从而做出统计决策。决策规则如下。

(1) 双侧检验。若 Ⅰ 样本统计量值 Ⅰ>临界值,则拒绝 H_0;否则,不拒绝 H_0。

(2) 左侧检验。若样本统计量值<临界值,则拒绝 H_0;否则,不拒绝 H_0。也就是说,样本统计量的值落入左侧的拒绝域,则可能做出拒绝原假设 H_0 的决策;如果样本统计量的值落入了接受域,则不能拒绝原假设 H_0。

(3) 右侧检验。若样本统计量值>临界值,则拒绝 H_0;否则,不拒绝 H_0。也就是说,样本统计量的值落入右侧的拒绝域,则可能做出拒绝原假设 H_0 的决策;如果样本统计量的值落入了接受域,则不能拒绝原假设 H_0。

五、利用 p 值进行决策

假设检验是推断统计中的一项重要内容,在假设检验中常使用 p 值来进行检验决策。p 值是最常用的一个统计学指标之一,是指当原假设为真时,检验统计量大于或等于实际观

测值的概率。

计算出 p 值后,将给定显著性水平 α 与 p 值进行比较,就可得出检验的结论。

(1) 单侧检验。如果 $\alpha \leqslant p$,则在显著性水平 α 下不拒绝原假设;如果 $\alpha > p$,则在显著性水平下拒绝原假设。

(2) 双侧检验。如果 $\frac{\alpha}{2} \leqslant p$,则在显著性水平 α 下不拒绝原假设;如果 $\frac{\alpha}{2} > p$,则在显著性水平下拒绝原假设。

在实践中,当 $\alpha = p$ 时,也即统计量的值 C 刚好等于临界值时,为了慎重起见,可增加样本容量,重新进行抽样检验。

任务三　用 SPSS 进行假设检验

一、单样本 T 检验的 SPSS 操作过程

单样本 T 检验研究的是样本均值与总体均值的差异问题,目的在于推断样本的总体均值是否与某个指定的检验值存在统计学上的显著性差异,简而言之,即判断某一样本是否属于某总体。之所以叫作单样本 T 检验,一方面是因为在这样的假设检验中只有一组样本数据,所以称为"单样本",即单样本 T 检验适用于研究只有一个样本的问题;另一方面是因为其进行假设检验所依据的分布主要是 t 分布。单样本 T 检验的备择假设情况包括显著不等于、显著小于和显著大于。SPSS 软件只检验"显著不等于"对应的原假设,叫双侧检验,如果需要做单侧检验,需要通过双侧检验的检验数据进行人为判断。

单样本 T 检验的使用需要满足下列几个条件。

(1) 单个样本数据。

(2) 样本来自的总体要服从或近似服从正态分布。

(3) 样本数据为连续性数据。

【**案例 6-5**】　为了了解某市民间信贷的发展情况,相关部门随机抽取了某年该市 30 家信贷公司的贷款年利率,见"贷款利率.sav",已知该市所属省份信贷公司的贷款年平均利率为 16%,试分析该市信贷利率是否和其所属省份的贷款利率一致。

单样本 T 检验

案例分析：该数据只涉及一个样本,要比较的是该样本与已知总体均值的差异,因此可以选择单样本 T 检验对问题进行证明。

步骤 1：依次选择【分析】→【比较平均值】→【单样本 T 检验】命令,进入【单样本 T 检验】对话框,把"年利率"添加到【检验变量】框中。在【检验值】文本框中输入 16,如图 6-1 所示,其他选项保持默认状态。最后单击【确定】按钮,提交系统分析。

步骤 2：图 6-2 和图 6-3 为系统给出的主要检验结果。由图 6-2 可知,该市 30 家信贷公司的贷款年利率均值为 16.6767%,标准差为 2.71632%,均值的标准误为 0.49593。可知,t 统计量为 1.364,自由度为 $df = 29$,"显著性(双尾)"表示进行的是双侧检验,t 的显著性检验 p 值为 0.183,单样本 T 检验要证明的是该市信贷公司的贷款利率和该省的贷款利率有显著性差异,则其原假设为两者没有显著性的差异,即 $H_0: \mu_1 = \mu_0 = 16\%$。这里 t 统计量

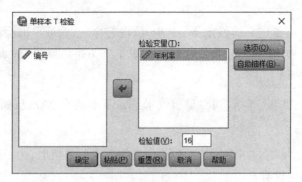

图 6-1 【单样本 T 检验】对话框

的显著性检验值为 $p=0.183>0.05$，所以接受原假设 H_0，即认为该市信贷公司贷款利率和该省的贷款利率没有显著性区别。如果 $p<0.05$，则拒绝原假设 H_0，认为两者存在显著性差异。

单个样本统计量

	N	均值	标准差	均值的标准误
年利率	30	16.6767	2.71632	0.49593

图 6-2 单样本统计

单个样本检验

	检验值 = 16				
	t	df	Sig.（双侧）	均值差值	差分的95% 置信区间
					下限	上限
年利率	1.364	29	0.183	0.67667	−0.3376	1.6910

图 6-3 单样本检验

二、独立样本 T 检验的 SPSS 过程

独立样本 T 检验的研究目的也是研究均值的差异情况，与单样本 T 检验不同的是，独立样本 T 检验利用来自两个总体的独立样本的差异情况，推断两个总体的均值间是否存在显著差异。两个独立样本指的是从一个总体中抽取一组样本与从另一个总体抽取的一组样本彼此独立，没有任何影响，它们分别属于不同的总体，它们的样本数量可以相等也可以不相等。与单样本 T 检验一样，在写备择假设时这里的显著差异的写法包括显著不等于、显著小于和显著大于，SPSS 软件只检验显著不等于的情况，即只做双侧检验，如果需要做单侧检验，需要通过双侧检验数据进行人为判断。

两个独立样本 T 检验的适用条件如下。

（1）样本来自的总体应服从或近似服从正态分布。

（2）两样本应为相互独立的样本。

(3) 样本数据为连续性变量。

【案例 6-6】 沪深交易所会对财务状况或其他状况出现异常的上市公司股票交易进行特别处理(Special Treatment,ST),这类股票被称为 ST 股,这种制度就叫作 ST 制度。为研究分析 ST 公司与非 ST 公司净利润是否存在显著差异,交易所随机抽查了 30 家 ST 和非 ST 公司,收集了它们的相关数据(见项目六数据"ST 公司.sav")。试分析两者净利润是否存在显著性差异。

独立样本 T 检验

案例分析:该数据包括 ST 公司与非 ST 公司两个样本的数据,案例想研究两个样本背后的总体是否有显著性的差距,因为这两类公司是相互独立的,因此可用两个独立样本 T 检验进行分析。

步骤 1:依次选择【分析】→【比较平均值】→【独立样本 T 检验】命令,进入【独立样本 T 检验】对话框。以"净利润"为检验变量,"ST 类型"为分组变量,所以分别把"净利润"添加到【检验变量】框中,把"ST 类型"添加到【分组变量】框中,如图 6-4 所示。单击【定义组】按钮,出现如图 6-5 所示的对话框,在【使用指定的值】单选项下输入之前定义"ST 类型"的数值,"0"表示非 ST 公司,"1"表示 ST 公司,所以分别输入"0"和"1",如果依次输入的是"1"和"0"也是可以的,只不过在输出结果部分这两种方式的 t 统计量一个为正值,另一个为负值而已,但是它们的绝对值相等,所得结论也是一样的。接下来单击【继续】按钮回到上一层界面,最后单击【确定】按钮,提交系统分析。

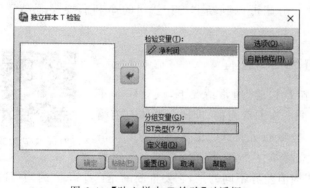

图 6-4 【独立样本 T 检验】对话框

图 6-5 【定义组】对话框

步骤 2:图 6-6 和图 6-7 是系统提供的主要分析结果。图 6-6 是 ST 和非 ST 公司的统计量,可以看出 ST 公司利润平均值为 -2233.0967 万元,标准差为 3766.59172 万元,而非 ST 公司净利润的样本平均值为 7830.8867 万元,标准差为 7778.35802 万元,还包括两者的个案和标准误差平均值。我们需要用这些信息验证两个样本各自的总体是否有差异,因此还需利用图 6-7 进行分析,分两步进行。

组统计

	ST类型	个案数	平均值	标准差	标准误差平均值
净利润	非ST公司	15	7830.8867	7778.35802	2008.36341
	ST公司	15	-2233.0967	3766.59172	972.52980

图 6-6 两样本统计量

独立样本检验

		莱文方差等同性检验		平均值等同性T检验					
		F	显著性	t	自由度	显著性（双尾）	平均值差值	标准误差差值	差值95%置信区间
									下限 上限
净利润	假定等方差	8.295	0.008	4.510	28	0.000	10063.98333	2231.44298	5493.07959 14634.88707
	不假定等方差			4.510	20.223	0.000	10063.98333	2231.44298	5412.57008 14715.39659

图 6-7 独立样本检验

（1）判断两者方差是否相等。利用 F 检验判断两总体方差是否相等，其原假设为 ST 公司与非 ST 公司净利润方差没有显著差异（即方差相等），由图 6-7 可看出 F 检验统计量为 8.295，F 检验所对应的概率 p 值（显著性）为 0.008，$p=0.008 \leqslant 0.05$ 时，拒绝原假设，即可以认为 ST 公司与非 ST 公司净利润的方差不相等。

（2）判断两总体均值是否有差异。前面已经证明 ST 公司与非 ST 公司净利润的方差不相等，这时选择图 6-7 第二行的数据，进行两个独立样本 T 检验，如果遇到两样本方差相等的情况，则选择第一行"假定等方差"相关 t 统计量的值。两个独立样本 T 检验的原假设为 ST 公司与非 ST 公司净利润均值没有显著差异。由图 6-7 第二行数据可看出，T 检验统计量为 4.510，其所对应的概率 p 值（显著性）为 0.000，$p=0.000 \leqslant 0.05$ 时，拒绝原假设，因此可以认为 ST 公司与非 ST 公司净利润均值有显著差异。

T 检验在这里是双侧检验，只能告诉我们两总体是否有差异，如果想要判断两总体均值孰高孰低，只要参考图 6-6 中的均值便知。图 6-6 显示非 ST 公司的净利润为 7830.8867，而 ST 公司的净利润为 -2233.0967，由此可以判断非 ST 公司的净利润要显著高于 ST 公司。

三、成对样本 T 检验的 SPSS 过程

成对样本 T 检验也叫配对样本 T 检验，通常情况下，成对样本 T 检验的数据是同一群被测或个案被测两次而获得的，即同一群体有前测和后测两次测试数据。成对样本 T 检验的研究目的也是均值的差异情况，但它和单样本 T 检验及两个独立样本 T 检验都有所不同。与单样

成对样本 T 检验

本 T 检验研究单个样本均值和总体均值差异不同的是，它要推断的是两个总体的均值间是否存在显著差异；与独立样本 T 检验研究两个独立样本所属总体间的差异不同的是，它研究的是两组相关样本所属总体间是否有显著差异。与单样本 T 检验及独立样本 T 检验一样，在写备择假设时这里的显著差异的写法包括显著不等于、显著小于和显著大于。SPSS 软件只检验显著不等于的情况，即只做双侧检验，如果需要做单侧检验，需要通过双侧检验数据进行人为判断。

成对样本 T 检验的适用条件如下。

（1）两组样本有一定的关联，两组样本的样本容量应该相等，它们的观察值的顺序一一对应，不能随意改变。

（2）样本所属的总体服从或近似服从正态分布。

（3）样本数据属于连续性数据。

【案例 6-7】为考察某地区精准扶贫的成效，采用抽样调查的方法，收集到该地区的 20 户村民在扶贫前后的家庭年收入（扫描前言二维码下载的项目六数据"扶贫效果.sav"），试

推断该地区的扶贫措施是否有成效。

案例分析：农户扶贫前后年收入数据，属于前后两种状态的对比分析，数据只涉及一个群体，该群体被测试了两次，得到的两批数据是存在关联性的，所以可用成对样本 T 检验进行分析。

步骤 1：依次选择【分析】→【比较平均值】→【成对样本 T 检验】命令，准备做配对样本 T 检验，进入【成对样本 T 检验】对话框，把"扶贫前年收入"和"扶贫后年收入"添加到【配对变量】中，因为案例中只涉及一对变量，所以只要添加到配对 1 中便可，如图 6-8 所示。如果需要配对的不止 1 对，那么只要重复刚才的步骤便可以完成，最后单击【确定】按钮，提交系统分析。

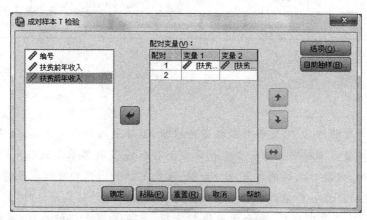

图 6-8 【成对样本 T 检验】对话框

步骤 2：图 6-9 和图 6-10 是系统提供的主要结果。图 6-9 包括如下统计量：扶贫前后年收入的平均值、标准差及标准误差平均值，初步看扶贫前的年收入与扶贫后的年收入平均值有较大差异，扶贫前年收入的平均值为 7930.90 元，扶贫后年收入的平均值为 9330.95 元，但是我们研究的目的不是这 20 家农户的扶贫情况，而是利用这 20 户家庭的信息推测整体扶贫的效果，所以需要进行假设检验。如图 6-10 所示，从第三列可看出扶贫前的年收入与扶贫后的年收入的相关系数为 0.836，第四列相关系数检验的概率 p 值（显著性）为 0.000，即小于 0.05，表明扶贫前的年收入与扶贫后的年收入有较强的相关性。

配对样本统计

		平均值	个案数	标准差	标准误差平均值
配对1	扶贫前年收入	7930.90	20	2083.776	465.946
	扶贫后年收入	9330.95	20	2352.010	525.926

图 6-9 配对样本统计

配对样本相关性

		个案数	相关性	显著性
配对1	扶贫前年收入和扶贫后年收入	20	0.836	0.000

图 6-10 配对样本相关性

由图 6-11 可知,"扶贫前年收入－扶贫后年收入＝－1400.050 元",说明扶贫后的收入从均值上来说增加了 1400.050 元,自由度为 19,T 检验统计量的观测值为－4.826,概率 p 值(显著性)为 0.000。成对样本 T 检验的原假设为扶贫前的年收入与扶贫后的年收入均值没有显著差异。T 检验所对应的概率 p 值(显著性)为 0.000,$p=0.000<\alpha=0.05$ 时,拒绝原假设。可以看出扶贫前的年收入与扶贫后的年收入均值有显著差异,从图 6-9 中可进一步判断扶贫后的收入显著大于扶贫前的收入。综上所述,该地区精准扶贫措施是有效的。

配对样本检验

		配对差值				t	自由度	显著性(双尾)
		平均值	标准差	标准误差平均值	差值95%置信区间			
					下限	上限			
配对1	扶贫前年收入－扶贫后年收入	－1400.050	1297.378	290.103	－2007.242	－792.858	－4.826	19	0.000

图 6-11 配对样本检验

思政点滴

在数据分析过程中,经常需要对数据进行推断,不管是同一个总体,还是两个总体,推断性统计总是存在诸多不确定因素。在当今社会也存在许多数据推断过程中的误区,比如在进行抽样的时候,需要对抽样的结果进行检验,来确定推断出来的数据能否有效地代表总体的全部特征,进而产生一些虚假的数据指标。因此我们在进行财务分析时,需要尽量收集较多的样本数据,不要管中窥豹,要全面地进行分析,更要具有严谨的态度,才能产生准确的结果。

本 章 小 结

1. 假设检验分为单样本检验、独立样本检验、成对样本检验。
2. 显著性水平为 α,代表的是犯第一类错误的概率,一般设定为 $\alpha=0.05$。
3. 原假设通常用 H_0 表示,备择假设通常用 H_1 表示,假设检验中通常通过拒绝原假设来接受备择假设。

技 能 训 练

一、单选题

1. 备择假设通常是要研究( )。
   A. 想要支持的一个错误假设   B. 想收集证据予以支持的假设
   C. 想收集证据予以反对的证据 D. 想要反对的一个正确假设
2. 若备择假设写作 $H_1:\mu<\mu_0$,此时的假设检验称为( )。
   A. 双侧检验   B. 显著性检验   C. 左侧检验   D. 右侧检验
3. 对于给定的显著性水平,下列拒绝原假设的准则正确的是( )。
   A. $P=\alpha$ B. $P<\alpha$ C. $P=\alpha=0$ D. $P>\alpha$

4. 拒绝域的边界是（　　）。

　　A. 统计量　　　　B. 置信水平　　　　C. 临界值　　　　D. 显著性水平

5. 在小样本情况下，一个总体均值（总体方差未知）的检验所使用的检验统计量为（　　）。

　　A. $Z=\dfrac{\bar{x}-\mu_0}{\sigma/\sqrt{n}}$　　B. $t=\dfrac{\bar{x}-\mu_0}{s/\sqrt{n}}$　　C. $Z=\dfrac{\bar{x}-\mu_0}{\sigma/\sqrt{n}}$　　D. $Z=\dfrac{\bar{x}-\mu_0}{s/\sqrt{n}}$

6. 在大样本情况下，一个总体比例的检验使用的统计量为（　　）。

　　A. $Z=\dfrac{\bar{x}-\mu_0}{\sigma/\sqrt{n}}$　　　　　　　　B. $Z=\dfrac{p-P_0}{\sqrt{\dfrac{p(1-p)}{n}}}$

　　C. $Z=\dfrac{p-P_0}{\sqrt{\dfrac{P_0(1-P_0)}{n}}}$　　　　　　D. $Z=\dfrac{\bar{x}-\mu_0}{s/\sqrt{n}}$

二、实训题

1. 已知某食品的标准重量是1千克，现随机抽取该产品14个，记录每个产品的重量（见项目六数据"标准重量.sav"），按要求回答下列问题。

　　（1）什么叫单样本 T 检验？什么情况下使用这种检验方法？

　　（2）利用单样本 T 检验研究这些产品的重量是否与标准重量有显著差异。

2. 某公司计划采取不同的方式推销其理财产品，一种为传统方法（赋值为0），另一种为创新方法（赋值为1），随机指派公司销售人员采用不同方法进行推销，一段时间后统计每个人的销售额（单位：万元）（见项目六数据"促销方法.sav"），按要求回答下列问题。

　　（1）什么叫作独立样本 T 检验？什么情况下使用这种检验方法？

　　（2）利用独立样本 T 检验研究两种方法在效果上是否有显著性的差异。

3. 项目六数据"金融机构总资产.sav"记录了2014年度和2015年度我国银行业金融机构在各个月份的总资产，请按要求回答下列问题。

　　（1）什么叫成对样本 T 检验？什么情况下使用这种检验方法？

　　（2）利用成对样本 T 检验研究2014年和2015年银行业金融机构总资产是否有差异。

项目七

相关分析

📋 **学习目标**

1. 掌握相关关系的基本思想和内涵并能够列举出常见的相关关系。
2. 掌握几种常见的相关系数及其公式。
3. 掌握散点图的制作及其解读。
4. 能够使用 SPSS 进行常见的相关关系的操作。

📖 **案例引入**

我们可以列举许多关于客观现象之间存在的相互联系、相互影响、相互制约的例子。如商品销售额与流通费、施肥量与农作物产量、家庭收入与家庭支出、工资增长与劳动生产率之间的关系等。从数量上研究这些现象的相互依存关系,分析现象变动的影响因素和作用程度,在实际工作中是很有用的。例如,在工业生产中,通过对影响产品成本的各种因素的分析,以达到控制成本的目的;在农业生产中通过观察和研究施肥量、密植程度、耕作深度等各因素对农作物产量的影响,来确定合理的施肥量、密植程度、耕作深度,进而提高农作物产量。

相关分析是处理变量之间关系的一种统计分析。对于上述几种变量,我们关心的问题是变量之间是否存在关系,关系的密切程度如何,关系的具体形式是什么。

任务一 认识变量间的相关关系

建立回归模型时,首先需要弄清楚变量之间的关系,然后依据变量间的关系建立适当的模型。分析变量之间的关系需要解决下面的问题:①变量之间是否存在关系?②如果存在,它们之间是什么样的关系?③变量之间的关系强度如何?④样本所反映的变量之间的关系能否代表总体变量之间的关系?

一、确定变量之间的关系

身高与体重有关系吗?一个人的收入水平同他的受教育程度有关系吗?产品的销售额与广告支出有关系吗?如果有,是什么样的关系?怎样度量它们之间关系的强度?

从统计角度看,变量之间的关系大体上可分为两种类型,即函数关系和相关关系。函数关系是人们比较熟悉的,设有两个变量 x 和 y,变量 y 随变量 x 变化,当 x 取某个值时,y 依确定的关系取相应的值,则称 y 是 x 的函数,记为 $y=f(x)$。

在实际中,有些变量间的关系并不像函数关系那么简单。例如,家庭收入与家庭支出这两个变量之间就不存在完全确定的关系。也就是说,收入水平相同的家庭,他们的支出往往不同,而支出相同的家庭,他们的收入水平也可能不同。这意味着家庭支出并不能完全由家庭收入一个因素确定,还要受消费水平、银行利率等其他因素的影响。正是由于影响一个变量的因素有多个,才造成了它们之间关系的不确定性。变量之间这种不确定的关系称为相关关系(correlation)。

相关关系的特点是:一个变量的取值不能由另一个变量唯一确定,当变量 x 取某个值时,变量 y 的取值可能有多个,或者说,当 x 取某个固定的值时,y 的取值对应着一个分布。

比如,身高(x)与体重(y)的关系就属于相关关系。一般来说,身高较高的人其体重也比较重。但实际情况并不完全是这样,因为体重并不完全由身高一个因素决定,还受饮食习惯等其他许多因素的影响。这意味着身高相同的人,体重的取值可能有多个,即身高取某个值时,体重的取值却对应着一个分布。

又如,产品的销售收入(z)与广告支出(y)的关系也是相关关系。销售收入相同的企业,它们的广告支出可能不同,而广告支出相同的企业,它们的销售收入也可能不同。因为销售收入虽然与广告支出有关,但它并不是由广告支出一个因素决定的,还受产品的产量、需求量、销售价格等诸多因素的影响。因此,当广告支出取某个值时,销售收入的取值却对应着一个分布。

思考:以下属于相关关系的是哪几个?

(1) 学习时间与学习成绩

(2) 施肥量和作物产量

(3) 原材料投入量与产出量

(4) 海拔与气温

(5) 遗传与智商

二、相关关系的描述

描述相关关系的一个常用工具是散点图(scatter diagram)。对于两个变量 x 和 y,散点图是在二维坐标中画出它们的 n 对数据点(x_i, y_i),并通过 n 个点的分布、形状等判断两个变量之间有没有关系、有什么样的关系及大体的关系强度等。

散点图可以是表示两个变量关系的二维图,也可以是表达多个变量的多维图,如三维散点图,这里主要研究两变量关系的散点图。如果没有特指,本书中提到的散点图都是指二维散点图。散点图一般以横轴和纵轴分别表示一个变量,将两个变量之间相对应的变量值以坐标点的形式标识在直角坐标系中,从点的分布情况形象地描述两个变量的相关关系。如图 7-1 所示,散点完全聚集在一条直线上,是完全正相关,其实两变量此时为一一对应的函数关系。图 7-2 表示的也是一个函数关系,不同的是其线的趋势从左上角到右下角,斜率为负,为完全负相关。图 7-3 中的散点虽然不在一条直线上,但是这些点很有规律地围绕在一条趋势线周围,这条线的趋势从左下角往右上角,斜率为正,说明两变量是强正相关关系。而图 7-4 与图 7-3 相比散点的趋势相同,只是斜率为负,它表示的是强的负相关。图 7-5 的散点也不在条直线上,但仍然有从左下角到右上角的趋势,只是与图 7-3 和图 7-4 相比,其点更加分散,说明此时两变量的正相关关系相对来说是比较弱的。与此相对的图 7-6 表示的是弱负相关。图 7-7 的散点完全随机地出现在坐标平面上,没有任何规律,此时变量间不相关。可以看出,散点越有规律地聚集在最优拟合直线周围,相关程度就越强,反之就会越弱,但要强调的是这里探讨的是线性相关。

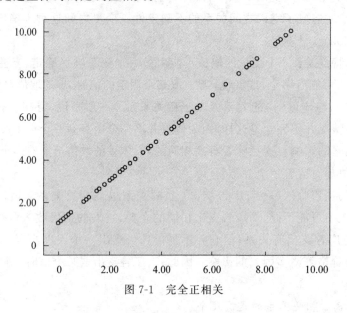

图 7-1　完全正相关

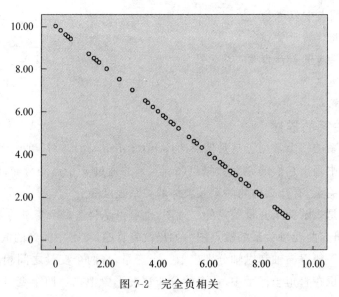

图 7-2　完全负相关

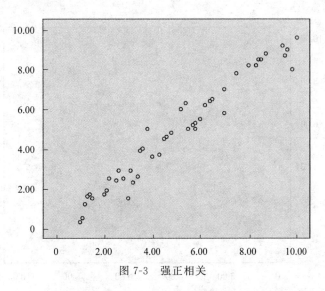

图 7-3 强正相关

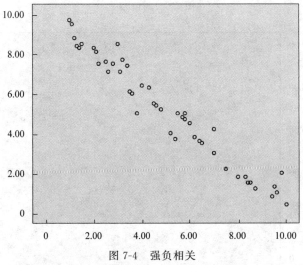

图 7-4 强负相关

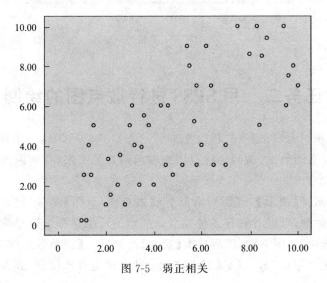

图 7-5 弱正相关

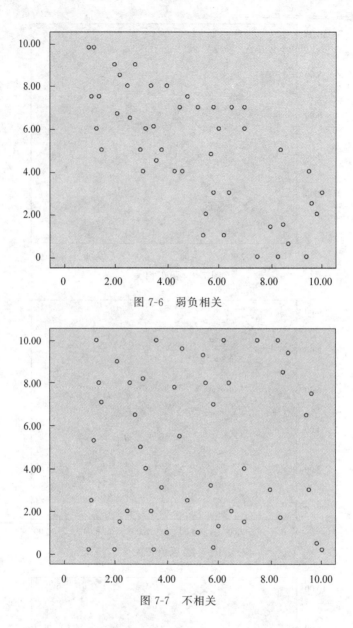

图 7-6 弱负相关

图 7-7 不相关

任务二 用 SPSS 进行散点图的绘制

【案例 7-1】 项目七数据"生产和投资.sav"记录了 1985—2014 年我国国内生产总值与全社会固定资产投资的数据,试利用散点图来表示两者的关系,并判断两者是否呈现线性关系。

步骤 1：依次选择【图形】→【旧对话框】→【散点图/点图】命令,进入【散点图/点图】对话框,可以看到有多种类型的散点图可供选择。这里选择【简单散点图】选项(见图 7-8),然后单击【定义】按钮进入【简单散点图】对话框,将"国内生产总值"放入【Y 轴】框,将"全社会固定资产投资"放入

散点图

【X轴】框,如图 7-9 所示;如果将两变量位置互换也是可以的,所得结论一样。最后单击【确定】按钮,提交系统分析。

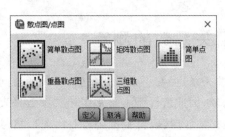

图 7-8 【散点图/点图】对话框

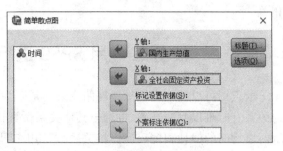

图 7-9 【简单散点图】对话框

步骤 2：图 7-10 就是系统给出的散点图,从散点图上判断变量间的关系可以按如下步骤进行。

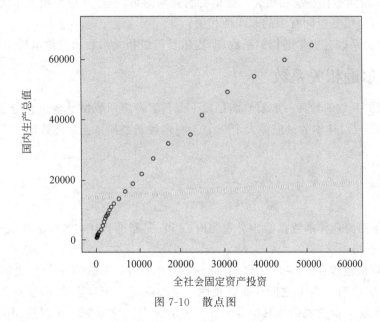

图 7-10 散点图

(1) 判断变量间是否为线性关系。这需要观察散点图上的点的聚散情况,如果点的大概趋势为直线状态,则为线性关系;如果点的趋势为非直线状态,如抛物线、U 形曲线等,则称为非线性关系。从图 7-10 中可以直观地看出,国内生产总值和全社会固定资产投资之间是一种线性相关关系。

(2) 判断变量间关系的强弱。点越聚拢于某条直线上则线性相关越强,当点全部都在一条直线上时变量间便是完全线性关系了,这时变量间的关系也可以称为函数关系。从图 7-10 中可以看到,坐标上的点几乎拟合成了一条直线,因此,可以判断国内生产总值和全社会固定资产投资间的线性相关是十分强的。

(3) 判断变量间关系的性质。如果随着某一变量的增长另一变量在减小,称这种关系为负相关;相反,如果随着某一变量的增长,另一变量也在增长,称这种关系为正相关。从图 7-10 可知,随着国内生产总值的增长,全社会固定资产投资也在增长,即它们为正相关关系。

综上所述,国内生产总值和全社会固定资产投资之间存在较强的线性关系,而且是正相关。

任务三　用 SPSS 进行相关系数的测定

散点图可以较为直观地展现两变量间是否为线性关系,但它不是量化数据,所以变量间的关系有时难以判断准确,也难与其他关系做量化比较,因此统计学上常常用相关系数来表示两事物间的线性相关程度。相关系数常用字母 r 来表示,其取值范围为 -1 到 $+1$,负号表示负相关,正号表示正相关,正相关习惯性地把"+"号去掉。取相关系数的绝对值,结果越接近 1 表示线性相关越强,越接近 0 则表示线性相关越弱。一般来说,$|r|<0.3$ 为低度相关,$0.3<|r|<0.5$ 为中低度相关,$0.5<|r|<0.8$ 为中度相关,$|r|>0.8$ 为高度相关,如果为 0,是指变量间不存在线性相关。这里特别强调的是,不存在线性相关不代表变量间就没有关系,很有可能变量间有强的非线性相关。

常用的相关系数有皮尔逊相关系数、斯皮尔曼等级相关系数和肯德尔相关系数。

一、皮尔逊相关系数

皮尔逊相关系数的计算一般需要满足以下条件:①两列数据呈现正态分布;②数据必须成对出现;③成对样本数量应该大于 30;④两列数据必须是连续性数据。皮尔逊相关系数的计算公式为:

$$r = \frac{\sum(x-\bar{x})(y-\bar{y})}{\sqrt{\sum(x-\bar{x})^2 \cdot \sum(y-\bar{y})^2}}$$

式中,x 和 y 是指两列样本数据的各个观测值;$\bar{x}$ 和 $\bar{y}$ 是指两列样本数据的算数平均数,相关系数具有如下性质。

(1) r 的取值范围在 -1 和 $+1$ 之间,即 $-1 \leqslant r \leqslant 1$。$r>0$,表明 x 与 y 之间存在正线性相关关系;$r<0$,表明 x 与 y 之间存在负线性相关关系;$|r|=1$,表明 x 与 y 之间为完全相关关系(实际上就是函数关系),其中,$r=+1$ 表示 x 与 y 之间完全正线性相关,$r=-1$ 表示 x 与 y 之间完全负线性相关;$r=0$,表明 x 与 y 之间不存在线性相关关系。

(2) r 具有对称性。x 与 y 之间的相关系数 r_{xy} 和 y 与 x 之间的相关系数 r_{yx} 相等,即 $r_{xy}=r_{yx}$。

(3) r 数值的大小与 x 和 y 的原点及尺度无关。改变 x 和 y 的数据原点或计量尺度,并不改变 r 数值的大小。比如,将 x 加上 5,y 除以 2 后计算的 r 数值与根据 x 和 y 计算的 r 数值相同。

(4) r 仅仅是 x 与 y 之间线性关系的一个度量,它不能用于描述非线性关系。$r=0$ 只表示两个变量之间不存在线性相关关系,并不表明变量之间没有任何关系,比如它们之间可能存在非线性关系。当变量之间的非线性相关程度较强时,就可能会导致 $r=0$。因此,当 $r=0$ 或很小时,不能轻易得出两个变量之间没有关系的结论,而应结合散点图做出合理的解释。

(5) r 虽然是两个变量之间线性关系的一个度量,但不意味着 x 与 y 一定有因果关系。

了解相关系数的性质有助于对其实际意义的解释。但根据实际数据计算出的 r,取值一般在 $-1\sim1$。$|r|\to1$ 说明两个变量之间的线性关系强;$|r|\to0$ 说明两个变量之间的线性关系弱。对于一个具体的取值 r,根据经验可将相关程度分为以下几种情况:当 $|r|\geqslant0.8$ 时,可视为高度相关;当 $0.5\leqslant|r|\leqslant0.8$ 时,可视为中度相关;当 $0.3\leqslant|r|\leqslant0.5$ 时,可视为低度相关;当 $|r|<0.3$ 时,说明两个变量之间的相关程度极弱,可视为不相关。但这种解释必须建立在对相关系数的显著性进行检验的基础上。

【案例 7-2】 案例 7-1 确定了"国内生产总值"和"全社会固定资产投资"间存在较强的线性关系的情况下,请计算出两者的相关系数。

案例分析:要计算变量间的相关关系,一般先判断变量的基本情况,从案例 7-1 中已经知道,"国内生产总值"和"全社会固定资产投资"都属于

皮尔逊相关系数

连续变量,而且数据的对数达到了 30 对。假设两变量的总体分布属于正态分布,这时就可以用皮尔逊相关法计算变量间的关系。

步骤 1:打开项目七数据"生产和投资.sav",依次选择【分析】→【相关】→【双变量】命令,进入【双变量相关性】对话框,将需要分析的变量放入右侧的【变量】框,这里要分析"国内生产总值"和"全社会固定资产投资"的关系,所以将它们放入【变量】框中,如图 7-11 所示。如果要分析多个变量间的两两关系,可以把这些变量一次性放入【变量】框中。系统在【相关系数】选项组中默认选中【皮尔逊】,因为"国内生产总值"和"全社会固定资产投资"两个变量都是连续变量,所以保持该默认状态。如果变量不满足皮尔逊相关法的条件,则选择其他的相关法,后面的小节将对此做介绍。对于检验的类型,系统在【显著性检验】选项组中提供了【双尾】和【单尾】两个选择,一般情况下选择默认状态的【双尾】,最后单击【确定】按钮,提交系统分析。

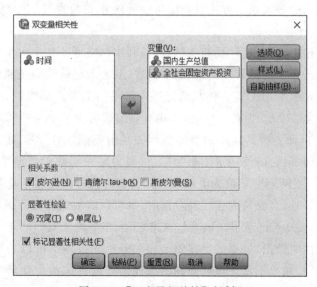

图 7-11 【双变量相关性】对话框

步骤 2:结果解释。图 7-12 是系统分析的结果,它提供了两变量相关的相关系数、显著性检验情况以及成对数据的数量等信息。从图 7-12 中可以看出,"国内生产总值"和"全社

会固定资产投资"的皮尔逊相关系数 $r=0.987$,数值上表明其为正相关,且两者相关程度非常高;相关系数的显著性检验 p 值为 0.000,即 $p<0.05$,说明"国内生产总值"和"全社会固定资产投资"的相关关系达到了统计学上的显著水平,即两者为显著的正相关;表中的个案数为 30,表示有 30 对数据。综上所述,"国内生产总值"和"全社会固定资产投资"存在显著的正相关关系。SPSS 的相关分析中相关系数右上角的 * 表示在 0.05 级别(双尾)相关性显著,** 表示在 0.01 级别(双尾)相关性显著(图 7-12),*** 表示在 0.001 级别(双尾)相关性显著。

相关性

		国内生产总值	全社会固定资产投资
国内生产总值	皮尔逊相关性 显著性(双尾) 个案数	1 30	0.987** 0.000 30
全社会固定资产投资	皮尔逊相关性 显著性(双尾) 个案数	0.987** 0.000 30	1 30

注:**为在0.01级别(双尾),相关性显著。

图 7-12 相关矩阵

二、斯皮尔曼等级相关系数

在相关分析过程中,会遇到其中一个变量或两个变量具有等级属性的情况,这种情况下不适合采用皮尔逊相关系数对这类数据的相关程度进行考量,正确的分析方法是采用等级相关方法。较为常用的等级相关方法有斯皮尔曼等级相关和肯德尔等级相关,这里先介绍斯皮尔曼等级相关。

斯皮尔曼等级相关系数,又称秩相关系数,是利用两变量的秩次大小做线性相关分析所得的相关系数。秩是指数据的等级结构,简单而言,其实就是将数据按照升序进行排名。例如,表 7-1 中的"工人年平均工资的秩",是把工人年平均工资变量按照升序排列,工人年平均工资中石家庄的 48272.00 为最小值,所以相对应的秩为 1,郑州 49756.00 为倒数第二,所以相对应的秩为 2,以此类推。斯皮尔曼等级相关是由英国统计学家斯皮尔曼根据皮尔逊相关公式推导出来的,但它的使用范围更为广泛,因为它并不要求数据呈正态分布,也不要求样本容量大于 30,当两列变量值为等级(定序)数据时就可以使用斯皮尔曼等级相关分析变量的相关性了。另外,当变量为连续性数据时,也可以将数据降为等级结构做斯皮尔曼等级相关分析。例如,表 7-1 记录了全国某些城市"工人年平均工资"和"年末储蓄额"数据,这两个变量都是连续性的数据,如果满足皮尔逊相关分析的条件则可以采用皮尔逊相关系数考量两者关系的强弱,如果不考虑这些限制的条件则可以将这两个变量的连续数据属性降为等级数据属性,采用斯皮尔曼等级相关法研究两者的关系。当然,如果原来的数据为连续性数据,也符合皮尔逊相关分析的条件,不是特殊情况一般不建议将其降为等级数据进行分析,因为此时斯皮尔曼等级相关不如皮尔逊相关精确。

表 7-1 工资和储蓄数据

城市	工人年平均工资/元	年末储蓄额/亿元	工人年平均工资的秩	年末储蓄额的秩
北京	103400.00	24158.40	20	20
长春	56977.00	3380.11	7	6
大连	63609.00	4666.71	14	12
福州	58838.00	3483.72	9	7
哈尔滨	51554.00	3768.82	4	9
杭州	70823.00	6694.55	16	17
合肥	59648.00	2539.50	10	4
呼和浩特	50469.00	1480.88	3	1
济南	62323.00	3541.36	12	8
南昌	51848.00	2149.33	5	3
南京	77286.00	5055.77	18	15
宁波	70228.00	4780.31	15	13
青岛	62097.00	4435.90	11	11
上海	100623.00	21269.30	19	19
沈阳	56590.00	5147.63	6	16
石家庄	48272.00	4387.67	1	10
太原	57771.00	3325.78	8	5
天津	73839.00	7916.90	17	18
厦门	63062.00	1972.02	13	2
郑州	49756.00	4839.26	2	14

注：数据来自国家统计局，2022-07-25。

斯皮尔曼等级相关的计算公式为

$$r_R = 1 - \frac{6\sum_{i=1}^{n} d^2}{n(n^2-1)}$$

式中，r_R 为等级相关系数；n 为样本容量；$d = y_i - x_i$，指出的是变量 y 第 i 个观测值 y_i 和 x 第 i 个观测值 x_i 的秩的差值。

【案例 7-3】 以表 7-1 为例，试计算工人年平均工资的秩和年末储蓄额的秩的相关系数。

案例分析：从案例中可以知道，"工人年平均工资的秩"和"年末储蓄额的秩"都属于等级变量，数据的对数是 20。可以看出例中的数据特征不满足皮尔逊相关法的计算条件，这种情况我们就可以用斯皮尔曼相关法计算变量间的关系，它的要求没有皮尔逊相关法这么苛刻，只要变量是等级数据就满足条件了。需要强调的是，该例中的"工人年平均工资的秩"和"年末储蓄额的秩"都是从原来的连续性数据降级而来的。如果原数据符合皮尔逊相关法的计算条件，是不建议将数据降为等级数据计算等级相关的，因为这时斯皮尔曼等级相关不如皮尔逊相关精确，这里主要是为了案例的演示才将数据降级。

斯皮尔曼相关系数

步骤 1：先将表 7-1 所示的数据（见项目七数据"工资和储蓄.sav"）录入 SPSS 中，数据建立后，依次选择【分析】→【相关】→【双变量】命令，该步骤和案例 7-2 及其他双变量相关分析的步骤一致。

步骤 2：进入【双变量相关性】对话框，将需要分析的变量放入右侧的【变量】框中，这里选择"工人年平均工资的秩"和"年末储蓄额的秩"，SPSS 系统默认皮尔逊相关法，因为要分析的是工人年平均工资和年末储蓄额两者秩的关系，它们是等级变量，所以在【相关系数】选项组中选中【斯皮尔曼】复选框，其他选项保持系统默认状态，如图 7-13 所示，最后单击【确定】按钮，提交系统分析。

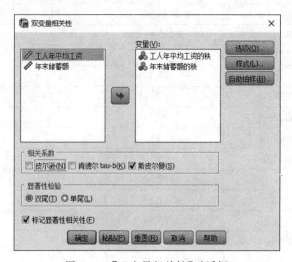

图 7-13 【双变量相关性】对话框

步骤 3：结果解释。图 7-14 是系统提供的分析结果，从图 7-14 中可以看出，两变量的斯皮尔曼相关系数 r 为 0.576，双侧显著性检验显示其 p 值为 0.008，即 $p<0.05$，个案数 20 表示有 20 对数据，故两变量之间有显著的正相关，即随着工资的上升储蓄额也会增多，但是这种相关只达到中度相关水平。假设原数据符合皮尔逊相关法的条件，可以计算出"工人年平均工资"和"年末储蓄额"的相关系数 r 为 0.895，p 值为 0.000，即 $p<0.05$，也说明两变量的相关是显著的，相关程度非常高。可见，两种方法计算的系数都是显著的，但是系数的大小且有非常大的区别。

相关性

			工人年平均工资的秩	年末储蓄额的秩
斯皮尔曼Rho	工人年平均工资的秩	相关系数	1.000	0.576**
		显著性（双尾）		0.008
		个案数	20	20
	年末储蓄额的秩	相关系数	0.576**	1.000
		显著性（双尾）	0.008	
		个案数	20	20

注：**为在0.01级别（双尾），相关性显著。

图 7-14 斯皮尔曼相关分析

三、肯德尔相关系数

肯德尔的相关系数是另一种计算定序变量之间或者定序和连续变量之间相关系数的方法,它与斯皮尔曼等级相关系数一样,也是利用两组数据秩次考量两个变量间的相关程度,都属于非参数统计范畴。

肯德尔相关系数

肯德尔的相关系数的计算公式为

$$\tau = \frac{4P}{n(n-1)} - 1$$

式中,n 是项目的个数;P 是一个变量各个秩的贡献值之和。

SPSS 可以自动计算肯德尔相关系数并对其进行显著性检验,如果利用肯德尔的相关系数估算案例 7-3 可以得到如图 7-15 所示结果。可以看出其系数为 0.453,和斯皮尔曼等级相关系数稍有不同,但是两者都达到了显著性水平。

相关系数

			工人年平均工资的秩	年末储蓄额的秩
Kendall的tau_b	工人年平均工资的秩	相关系数	1.000	0.453**
		Sig.（双侧）		0.005
		N	20	20
	年末储蓄额的秩	相关系数	0.453**	1.000
		Sig.（双侧）	0.005	
		N	20	20

注:**为在置信度（双测）为0.01时,相关性是显著的。

图 7-15 肯德尔相关系数矩阵

任务四 认识偏相关分析及其 SPSS 方法

一、偏相关概述

前面介绍的简单相关分析方法都是计算两个变量的相关程度,其前提是假设其他因素对它们的关系不存在影响。但是在实际研究中,两个变量的相互关系常常受到其他因素的制约,在这种情况下,如果单纯地分析两个变量的简单相关关系可能误判两者的实质关系。例如表 7-2 所示的数据,表面上看该地区房价的提升同时伴随房子成交量的提升,如果只是简单地分析这两个变量就很容易得出房价越高销量越好的结论,难道价格越高消费者越喜欢吗? 这让人难以理解。但仔细研究发现,这两个变量的关系很有可能受到了第三方变量的影响,致使两者呈现表面上的正相关关系。如居民的收入水平就有可能影响这两者关系,因为房价增长的同时居民的收入水平也在增长,而收入水平的提高使得居民有了更高的消费能力。因此,需要引入新的方法对这样的第三方变量加以控制以研究变量间的真实关系。

表 7-2 商品房成交量与价格

年份	商品房销售面积/万平方米	商品房平均销售价格/元	居民平均工资水平/元
2014 年	802.57	6627.00	54330.00
2013 年	702.60	6959.00	49806.00
2012 年	629.01	6002.89	44144.00
2011 年	711.73	5196.00	40119.00
2010 年	669.40	5135.00	37040.00
2009 年	731.74	4557.00	32596.00
2008 年	497.23	3952.00	29376.00
2007 年	628.84	3404.00	24791.00
2006 年	456.00	2872.42	20652.00
2005 年	455.72	2605.03	18055.00
2004 年	333.67	2761.11	17809.00
2003 年	192.20	2252.00	16670.00
2002 年	110.80	2372.00	15060.00

偏相关分析是在控制第三方可能影响两目标变量关系的情况下去分析两个目标变量的相关程度如何。第三方变量又称控制变量,它可以是一个变量,也可以是多个变量。现以一个控制变量为例,其偏相关系数的计算公式为

$$r_{yx_1 \cdot x_2} = \frac{r_{y_1} - r_{y_2} r_{12}}{\sqrt{(1 - r_{y_2}^2)(1 - r_{12}^2)}}$$

式中,$r_{yx_1 \cdot x_2}$ 表示控制因素 x_2 后 y 和 x_1 的偏相关系数,其中,r_{y_1}、r_{y_2}、r_{12} 分别表示 y 和 x_1 的相关系数,y 和 x_2 的相关系数,x_1 和 x_2 的相关系数。

二、偏相关的 SPSS 过程

【案例 7-4】 以表 7-2 所示数据为例,分析商品房销售价格和面积的关系是否受居民工资水平的影响。

偏相关分析

案例分析:需要研究两变量的关系是否受到第三方变量(即控制变量)的影响,采用偏相关分析。通常情况下,如果两变量的相关是显著的,在加入第三方变量的影响后这两个变量的关系不再显著,则这两个变量的关系受到了第三方变量的影响。该案例中的第三方变量只有 1 个,但以第三方变量有多个,无论第三方的控制变量有几个,其操作过程是一致的。

步骤 1:先将表 7-2 所示的数据录入 SPSS 中,依次选择【分析】→【相关】→【偏相关】命令。

步骤 2:进入【偏相关性】对话框,将需要分析的变量放入右侧的【变量】框,将要控制的变量放入右侧的【控制】框。这里选择"商品房销售面积"和"商品房平均销售价格"作为分析变量,放入【变量】框,把"居民平均工资水平"作为控制变量,放入【控制】框,如图 7-16 所示。

步骤 3:单击【选项】按钮进入其对话框,如图 7-17 所示,选中【零阶相关性】复选框,即考查没有控制变量下两目标变量的相关情况,相当于前面的简单相关系数。选中【零阶相关

性】的目的是比较未控制前和控制变量后两目标变量的相关系数是否有变化,单击【继续】按钮返回上一层对话框。系统提供了【双尾】和【单尾】两种检验选择,一般情况下,选择默认状态的【双尾】,最后单击【确定】按钮,提交系统分析。

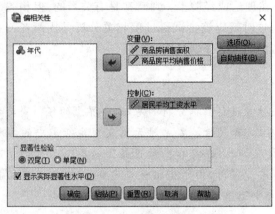

图 7-16 【偏相关性】对话框

图 7-17 【偏相关性:选项】对话框

步骤 4:结果解释。图 7-18 是系统提供的偏相关分析结果。从图 7-18 中可以看出,"商品房销售面积"和"商品房平均销售价格"两变量的零阶相关系数 r 为 0.829,其对应的 p 值为 0.000,即 $p<0.05$,说明两变量之间有显著的正相关,然而当控制了"居民平均工资水平"的时候,却发现两变量的相关系数 r 变为 -0.046,p 变为 0.887,即 $p>0.05$,这时两变量的相关系数不再显著,如何解释这种现象呢?对于这种情况,我们认为"商品房销售面积"和"商品房平均销售价格"两变量的关系受到了"居民平均工资水平"的影响。虽然单纯计算两者的相关系数确实能得出表面上的显著相关关系,但是这种关系不是真实的,从偏相关分析的结果来看,实际上两者关系并不显著。

相关性

控制变量			商品房销售面积	商品房平均销售价格	居民平均工资水平
-无-a	商品房销售面积	相关性 显著性(双尾) 自由度	1.000 0	0.829 0.000 11	0.840 0.000 11
	商品房平均销售价格	相关性 显著性(双尾) 自由度	0.829 0.000 11	1.000 0	0.991 0.000 11
	居民平均工资水平	相关性 显著性(双尾) 自由度	0.840 0.000 11	0.999 0.000 11	1.000 0
居民平均工资水平	商品房销售面积	相关性 显著性(双尾) 自由度	1.000 0	-0.046 0.887 10	
	商品房平均销售价格	相关性 显著性(双尾) 自由度	-0.046 0.887 10	1.000 0	

注:a 为单元格包含零阶(皮尔逊)相关性。

图 7-18 偏相关分析

任何两个变量都可以通过相关公式计算出相关系数,两个没有实质关系的事物也可以计算出统计上的显著相关。这给我们的启示是,做相关分析应该有一定的理论假设和实证观察,不能单纯以数据为出发点来对任何两个变量都做相关分析,那样得到的结果经常是一些"数据驱动"的虚假关系。如果两现象在理论或经验上:判断都是有关系的,但相关分析过程中却发现两者的相关系数有悖常理,这时就应该尝试通过偏相关分析寻找两者关系是不是还受到其他因素的影响,以探究两者的真实关系。

思政点滴

数据的世界存在着普遍的相关,相关性是进行数据分析的基础,世界上的任何事物之间都存在必然和偶然的联系,联系具有普遍性、客观性。要无时无刻发现生活当中的各种联系,用联系的眼光来看待问题。中国之所以如此强大,和团结世界上的各个国家是分不开的,任何一个国家都不可能脱离世界而存在。另外,由于事物是普遍联系的,因此我们在日常的学习和生活中也要坚持和周围的同学和老师进行团结合作才能够有所成就。

本 章 小 结

1. 变量间的关系可以分为函数关系和相关关系,函数关系一般都是确定的、严格的。相关关系是非严格的、松散的。

2. 相关关系的图形表示是散点图,散点图表示相关关系主要有强相关、弱相关、正相关、负相关、线性相关和非线性相关。

3. 相关关系的定量表示方法是相关系数,相关系数主要有皮尔逊线性相关、斯皮尔曼线性相关、肯德尔线性相关等。

技 能 训 练

一、单选题

1. 当积差相关系数等于 0 时,对两个变量之间的关系的最佳解释是(   )。
    A. 相关程度很低   B. 不存在任何相关
    C. 不存在线性相关关系   D. 存在线性相关关系

2. 现有 8 名面试官对 25 名求职者的面试过程做等级评定,为了解这 8 名面试官的评价一致性程度,最适宜的统计方法是求(   )。
    A. spearman 相关系数   B. pearson 相关系数
    C. 肯德尔相关系数   D. 偏相关

3. $r_1=-0.5$ 和 $r_2=0.5$ 的两个相关系数,二者的相关程度为(   )。
    A. 前者比后者更密切   B. 后者比前者更密切
    C. 相同   D. 不确定

4. 相关系数的取值范围是(   )。
    A. $|r|<1$ B. $|r|\geqslant 0$ C. $|r|\leqslant 1$ D. $0<|r|<1$

5. 确定变量之间是否存在相关关系及关系紧密程度的简单而又直接的方法是( )。
    A. 直方图　　　　B. 圆形图　　　　C. 线性图　　　　D. 散点图
6. 如果相互关联的两个变量,一个增大另一个也增大,一个变小另一个也变小,变化方向一致,这叫作两变量之间有( )。
    A. 负相关　　　　B. 正相关　　　　C. 完全相关　　　D. 零相关

二、实训题

1. "高校科研研究.sav"是高校科研研究资料。请分析投入人年数、投入高级职称的人年数与课题总数是否存在相关关系,相关关系的方向、形式和相关程度如何?

2. "高校科研研究.sav"是高校科研研究资料。请分析在控制投入高级职称的人年数时,论文数与课题总数的偏相关关系、相关程度如何?

3. 请打开项目七数据"收入与恩格尔系数.sav",试做散点图判断两者是否为线性关系。

4. 请打开项目七数据"信用与营业额等级.sav",信用最高为5,最低者评分为1,营业额最高等级为1,营业额最低等级为5,按要求回答下列问题。

(1) 如果要计算"信用等级"和"营业额等级"的相关,采用哪种方法较好?

(2) 请根据这种方法计算出两者的相关系数,并判断两者的关系。

5. 请打开项目七数据"工资与教育年限.sav"显示的是30名员工的数据,按要求回答问题。

(1) "工资"和"教育年限"之间是什么关系?

(2) 控制"工作时间"这一变量,"工资"和"教育年限"的关系有怎样的变化?说明了什么问题?

项目八

线性回归分析

学习目标

1. 了解回归分析的概念。
2. 了解简单线性回归分析的基本原理。
3. 掌握简单线性回归分析的 SPSS 操作及结果解释。
4. 了解多元线性回归分析的基本原理。
5. 掌握多元线性回归分析的 SPSS 操作及结果解释。

 案例引入

问题与思考：GDP 与消费水平有关系吗

国内生产总值（GDP）是按当年市场价格计算的一个国家或地区所有常住单位在一定时期内生产活动的最终成果。GDP 反映了一个国家或地区的经济活动总量,是衡量经济发展水平的一个重要指标。对于一个地区来说,生产总值也称为 GDFP 或地区 GDP。表 8-1 是我国 32 个地区 2011 年的 GDP 和居民消费水平数据（部分）。

表 8-1　2021 年我国 32 个地区 GDP 和居民消费水平

地　　区	地区生产总值/亿元	居民消费水平/元
北京市	16251.93	27760
天津市	11307.28	20624
河北省	24515.76	9551
山西省	11237.55	9746
内蒙古自治区	14359.88	13264
辽宁省	22226.70	15635
……	……	……

你认为 GDP 与居民消费水平有关系吗？根据上面的数据怎样判断 GDP 与居民消费水平之间是否有关系呢？如果有,又是什么样的关系？二者之间的关系强度如何？能否利用它们之间的关系建立一个模型,用 GDP 来预测居民消费水平？本章的内容将回答这些问题。

任务一　认识一元线性回归分析

一、回归分析的内涵

回归分析(regression on analysis)是确定两种或两种以上变量间相互依赖的定量关系的一种统计分析方法。在经济和金融研究中有十分广泛的应用,如分析投资对国家经济的拉动作用,分析利率及消费者物价指数(CPI)的变动和存款金额的依存关系等。回归分析按照涉及的自变量的多少,分为回归分析和多重回归分析;按照自变量的多少,可分为一元回归分析和多元回归分析;按照自变量和因变量之间的关系类型,可分为线性回归分析和非线性回归分析。

相关分析是回归分析的基础和前提,回归分析则是相关分析的深入和继续。相关分析需要依靠回归分析来表现变量之间数量相关的具体形式,而回归分析则需要依靠相关分析来表现变量之间数量变化的相关程度。相关分析只研究变量之间相关的方向和程度,不能推断变量之间相互关系的具体形式,也无法从一个变量的变化来推测另一个变量的变化情况,在具体应用过程中,只有把相关分析和回归分析结合起来,才能达到研究和分析的目的。相关分析着重说明变量之间的关系密切程度,对变量之间的关系没有要求,变量地位是对等的,同时也不能具体说明一个变量的变化将如何影响另一个变量;回归分析着重说明变量之间依存关系,即因变量是如何依靠自变量的因果关系。因此,回归分析要求变量有因变量和自变量之分,变量地位不再对等,同时将说明自变量的变化将怎样导致因变量变化,获取的信息比相关分析丰富。

二、回归分析的一般步骤

步骤1:确定回归方程的变量。在回归方程中首先要确定方程的自变量(一般用 x 表示)和因变量(一般用 y 表示),通过建立起 x 和 y 的回归方程可以知道随着 x 的变化 y 将会有怎样的取值变化。一般情况下,自变量和因变量需要根据研究者的意图和理论假设设定。例如,有两个变量"科研投入"与"利润",到底该选择谁为自变量和因变量?如果研究者想了解某种程度的科研投入能产生多大的利润,那么这里应该把"科研投入"设为自变量 x,把"利润"设置为因变量 y;但是如果研究者想了解要获得某种程度的利润需要多大的科研投入,就应该把"利润"设置为自变量 x,把"科研投入"设置为因变量 y。

步骤2:确定回归模型的类型。通过散点图判断回归模型的性质,如果自变量和因变量之间存在的是线性关系,那么应该构建线性回归方程;如果散点图显示自变量和因变量之间的关系是非线性的,则应该进行非线性回归分析,构建非线性回归模型。当然还需要注意自变量的个数问题,如果是一个自变量,则构建一元回归方程;如果是多个自变量,则构建多元回归方程。

步骤3:构建回归方程。在一定的统计拟合准则下估算出回归模型中的各个参数,得到一个完整的模型。

步骤4:对回归方程进行参数检验。SPSS会根据样本数据估算出回归模型的参数,同时对估算出的回归模型中的参数进行检验,研究者需要根据检验的结果对参数做出取舍。

步骤5：利用回归方程进行预测。有了回归模型后，便可以依照回归模型在某种条件下对因变量取值进行预测了。

三、一元线性回归模型

进行回归分析时，首先需要确定因变量和自变量。因变量(dependent variable)被预测或被解释的变量，用 y 表示。自变量(independent variable)是用来预测或释因变量的一个或多个变量，用 x 表示。例如，在分析广告支出对销售收入的影响时，目的是要预测一定广告支出条件下的销售收入是多少。因此，销售收入是被预测的变量，称为因变量，而用来预测销售收入的广告支出就是自变量。

当回归中只涉及一个自变量时称为一元回归，若 y 与 x 之间为线性关系则称为一元线性回归。对于具有线性关系的两个变量，可以用一个线性方程来表示它们之间的关系。描述因变量 y 如何依赖于自变量 x 和误差项 ε 的方程称为回归模型(regression model)。一元线性回归模型可以表示为

$$y = \beta_0 + \beta_1 x + \varepsilon$$

式中，β_0 和 β_1 称为模型的参数。

由上式可以看出，在一元线性回归模型中，y 是 x 的线性函数($\beta_0+\beta_1 x$ 部分)加上误差项 ε。$\beta_0+\beta_1 x$ 反映了 x 由于的变化而引起的 y 的线性变化；ε 是称为误差项的随机变量，它是除 x 以外的其他随机因素对 y 的影响，是不能由 x 和 y 之间的线性关系所解释的 y 的变化。

四、回归方程参数的求解

回归模型中的参数 β_0 和 β_1 是未知的，需要利用样本数据去估计。当用样本统计量 $\hat{\beta}_0$ 和 $\hat{\beta}_1$ 去估计模型中的参数 β_0 和 β_1，时，就得到了估计的回归方程(estimated regression equation)，它是根据样本数据求出的回归方程的估计。对于一元线性回归，估计的回归方程为

$$\hat{y} = \hat{\beta}_0 + \hat{\beta}_1 x$$

式中，$\hat{\beta}_0$ 是估计的回归直直线在 y 轴上的截距；$\hat{\beta}_1$ 是直线的斜率，也称为回归系数(regression coefficient)，它表示 x 每改变一个单位时的 y 平均改变量。

通常情况下，采用最小二乘法估算出 $\hat{\beta}_0$ 和 $\hat{\beta}_1$，即

$$\hat{\beta}_1 = \frac{\sum (y_i - \bar{y})(x_i - \bar{x})}{\sum (x_i - \bar{x})^2}$$

$$\hat{\beta}_0 = \bar{y} - \hat{\beta}_1 \bar{x}$$

式中，x_i 和 y_i 是指两列样本数据的各个观测值；$\bar{x}$ 和 $\bar{y}$ 是指两列样本数据的算数平均数。

五、一元线性回归方程有效性检验

（一）线性关系检验（F 检验）

回归模型的线性关系检验，就是对求得的回归方程进行显著性检验，看是否真实地反映

了变量间的线性关系,通常使用方差分析的思想和方法进行。总平方和 SST 反映了因变量 y 的波动程度或者不确定性,它可以分解成回归平方和 SSR 和误差平方和 SSE,即 SST＝SSR＋SSE。其中,SSR 是由回归方程确定的,即由自变量 x 可以解释的部分,SSE 是由自变量 x 之外的因素引起的波动。当 SSR 越大,即 SSE 越小时,说明估计的一元线性方程与原始数据的线性关系越吻合;当 SSE 为 0 时,SST＝SSR,说明所有原始数据的点都被成功地拟合成了一条直线。所以,考查 SSR 是否显著大于 SSE,可以证明拟合的方程是否真实反应自变量和因变量线性关系。但 SSR 到底要大 SSE 多少才算是显著的大呢？可以参照方差分析思想构建出 F 统计量进行检验,即

$$F = \frac{\text{SSR}/1}{\text{SSE}/(n-2)}$$

式中,SSR 为回归平方和;SSE 为误差平方和;n 为样本数,线性关系检验的具体步骤如下。

步骤 1：提出假设

$$H_0: \beta_1 = 0 (两个变量之间的线性关系不显著)$$
$$H_1: \beta_1 \neq 0 (两个变量之间的线性关系显著)$$

步骤 2：计算检验统计量 F。

步骤 3：做出决策。确定显著性水平 α,并根据分子自由度 1 和分母自由度 $n-2$ 求出统计量的 P 值,若 $P < \alpha$,则拒绝 H_0,表明两个变量之间的线性关系显著。

(二) 回归系数的检验(t 检验)

回归系数检验简称为 t 检验,它用于检验自变量对因变量的影响是否显著。在一元线性回归中,由于只有一个自变量,因此回归系数检验与线性关系检验是等价的。其检验的具体步骤如下。

步骤 1：提出假设

$$H_0: \beta_1 = 0 (自变量对因变量的影响不显著)$$
$$H_1: \beta_1 \neq 0 (自变量对因变量的影响显著)$$

步骤 2：计算检验统计量 t

$$t = \frac{\hat{\beta}_1}{s_{\hat{\beta}_1}}$$

式中,$s_{\hat{\beta}_1}$ 为 $\hat{\beta}_1$ 的标准误差;$\hat{\beta}_1$ 为回归系数 β_1 的估计值。

步骤 3：做出决策。确定显著性水平 α,并根据自由度 $n-2$ 求出统计量的 P 值,若 $P < \alpha$,则拒绝 H_0,表明 x 对 y 的影响显著。

六、一元线性回归方程的拟合优度

回归直线 $\hat{y} = \hat{\beta}_0 + \hat{\beta}_1 x$ 在一定程度上描述了变量 x 与 y 之间的关系,根据这一方程,可用自变量 x 的取值来预测因变量 y 的取值。但预测的精度将取决于回归直线对观测数据的拟合程度。可以想象,如果各观测数据的散点都落在这一直线上,那么这条直线就是对数据的完全拟合,直线充分代表了各个点,此时用 x 来估计 y 是没有误差的。各观测点越是紧密围绕直线,说明直线对观测数据的拟合程度越高,反之则越低。回归直线与各观测点的接近程度称为回归直线对数据的拟合优度(goodness of fit)。评价拟合优度的一个重要统

计量就是判定系数(coefficient of determination)，也称可决系数。

（一）判定系数

前面提到，总平方和 SST 反映了因变量 y 的波动程度或者不确定性，它可以分解成回归平方和 SSR 与误差平方和 SSE，即 SST＝SSR＋SSE。SSR 是由自变量 x 造成的，SSR 是由 x 以外的因素造成的。回归直线拟合的好坏取决于 SSR 以及 SSE 的大小，或者说取决于回归平方和 SSR 占总平方和 SST 的比例大小。因为各观测值越靠近直线，SSR 占 SST 的比例就越大，直线拟合就越好。因此，将回归平方和占总平方和的比例称为判定系数，记为 R^2，判定系数度量了回归直线对观测数据的拟合程度，所以常被称为适合优度检验，公式为

$$R^2 = \frac{SSR}{SST} = 1 - \frac{SSE}{SST}$$

判定系数的取值范围在[0,1]，当 R^2 为 0 时，说明 y 的变化与 x 无关；当 $R^2=1$ 时，所有的观测点都落在回归直线上，此时 SSE＝0，直线的拟合度是最好的。可见，当 R^2 越接近 1 说明回归平方和占总平方和的比例越大，回归直线与各观测点越接近，x 能解释 y 值的变差部分就越多，回归直线的拟合程度就越好；相反，R^2 越接近 0 时，回归直线的拟合程度就越差。在一元线性回归中，判定系数 R^2 是自变量和因变量相关系数 r 的平方。

（二）估计标准误差

估计标准误差(standard error of estimate)是残差均方的平方根，即残差的标准差，用 s_e 来表示。其计算公式为

$$s_e = \sqrt{\frac{SSE}{n-2}}$$

s_e 是度量各观测点在直线周围分散程度的一个统计量，它反映了实际观测值 y_i 与回归估计值 $\hat{y}_i$ 之间的差异程度。s_e 也是对误差项 ε 的标准差 σ 的估计，它可以看作在排除了 x 对 y 的线性影响后，y 随机波动大小的一个估计量。从实际意义看，s_e 反映了用估计的回归方程预测因变量 y 时产生的误差大小。各观测点越靠近直线，回归直线对各观测点的代表性就越强，s_e 就会越小，根据回归方程进行预测也就越准确；若各观测点全部落在直线上，则 $s_e=0$，此时用自变量来预测因变量是没有误差的。可见，s_e 从另一个角度说明了回归直线的拟合优度。

任务二 用 SPSS 进行一元线性回归分析

【案例 8-1】以项目八数据"生产与投资.sav"为例，为国内生产总值与全社会固定资产投资构建一元线性回归方程。

案例分析：假设我们想要了解的是投资对生产的影响，则可以将"国内生产总值"设为因变量 y，将"全社会固定资产投资"设为 x 自变量。当然，如果想要通过生产总值预测当年大概的投资额，可以将两者关系对调，这取决于研究者的研究目的和假设。

一元线性回归

步骤 1：打开项目八数据"生产与投资.sav"，依次选择【分析】→【回归】→【线性】命令。单击【线性】进入【线性回归】对话框，这里把"国内生产总值"放入【因变量】框，把"全社会固定资产投资"放到【自变量】框，如图 8-1 所示，其他选项选择系统默认值便可，最后单击【确

定】按钮,提交系统分析。

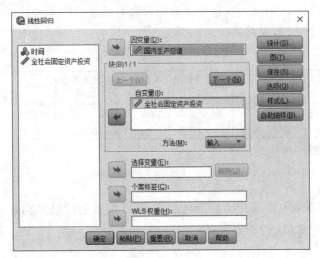

图 8-1　【线性回归】对话框

步骤 2：结果解释。

(1) 方程拟合度检验。从图 8-2 的结果可以看出复相关系数 $R=0.987$。当只有一个自变量时,其值和自变量与因变量的相关系数 r 一致。决定系数 $R^2=0.974$,它是复相关系数的平方,它说明该回归模型自变量"全社会固定资产投资"可以解释因变量"国内生产总值"97.4%的变差,提示拟合效果很好。

模型摘要

模型	R	R^2	调整后R^2	标准估算的误差
1	0.987[a]	0.974	0.973	31343.468

注:a为预测变量:常量,全社会固定资产投资。

图 8-2　模型汇总

从图 8-3"平方和"一栏可以看出总平方和(SST,总计)、组间平方和(SSR,回归)和组内平方和的大小(SSE,残差);从 df 一栏可以知道各个部分的自由度。各自的平方和除以其自由度便得到了"均方"一栏的数据,F 值就是组间(回归)均方除以组内(残差)均方的取值。从结果上看 $F=1037.144$,其检验的概率水平 $p=0.000$,小于 0.05 的显著性水平,说明一元线性回归模型在 0.05 的显著水平上有统计意义。

ANOVA[a]

模型		平方和	自由度	均方	F	显著性
1	回归	1.019E+12	1	1.019E+12	1037.144	0.000[b]
	残差	2.751E+10	28	982412997.2		
	总计	1.046E+12	29			

注:a为因变量:国内生产总值。
　　b为预测变量:常量,全社会固定资产投资。

图 8-3　方差分析表

(2) 回归系数检验及方程构建。图 8-4 可以看出该例常数项的显著性检验统计量 $t=5.750$,其 $p=0.000$,小于 0.05;自变量的回归系数的显著性水平检验统计量 $t=32.205$,其 $p=0.000$,也小于 0.05,因此两个系数都应该给予保留。

系数[a]

模型		未标准化系数		标准化系数	t	显著性
		B	标准误差	Beta		
1	(常量)	40762.310	7088.591		5.750	0.000
	全社会固定资产投资	1.320	0.041	0.987	32.205	0.000

注:a为因变量:国内生产总值。

图 8-4　回归系数及其检验

自变量的回归系数一般采用非标准化系数,可以根据上述结果构建起全社会固定资产投资(x)和国内生产总值(y)的方程,即

$$y = 1.32x_1 + 40762.31$$

当然也可以构建标准化的方程,即

$$y = 0.987x_1$$

在标准化方程中,标准化系数等于自变量和因变量的皮尔逊积差相关系数,即 $Beta(\beta)=r$。

如果想要从数据上了解两变量的关系强度,可以看标准化回归系数,因为 $|\beta| \leqslant 1$,绝对值越靠近 1 说明自变量与因变量关系越紧密,这和皮尔逊积差相关系数的含义一样。如果打算根据自变量的取值预测因变量的值,需要采用非标准化系数方程。例如,当全社会固定资产投资 x 取值 100000(亿元)时,则国内生产总值

$$y = 1.32 \times 100000 + 40762.31 = 172762.31$$

任务三　认识多元线性回归分析

一、多元线性回归模型

在多元线性回归模型中,有一个因变量,有多个自变量,其回归模型可以表示为

$$y = \beta_0 + \beta_1 x_1 + \cdots + \beta_n x_n + \varepsilon$$

式中,β_0 为常数或者截距;$\beta_1, \beta_2, \cdots, \beta_n$ 为回归系数,也叫作偏回归系数,表示在其他变量固定不变的情况下,x_i 每改变一个单位所引起的因变量 y 的平均改变量,ε 是随机误差,与一元线性回归的假设类似。

二、回归方程参数的求解

由于总体回归参数 $\beta_0, \beta_1, \beta_2, \cdots, \beta_n$ 是未知的,只能通过利用样本数据对 $\beta_0, \beta_1, \beta_2, \cdots, \beta_n$ 进行估计,分别用 $\hat{\beta}_0, \hat{\beta}_1, \hat{\beta}_2, \cdots, \hat{\beta}_n$ 代替回归方程中的参数 $\beta_0, \beta_1, \beta_2, \cdots, \beta_n$ 这时就得到了估计的回归方程,即根据样本数据求出估计的回归方程,可以表达为

$$\hat{y} = \hat{\beta}_0 + \hat{\beta}_1 x_1 + \hat{\beta}_2 x_2 + \cdots + \hat{\beta}_n x_n$$

多元线性回归模型中偏回归系数的估计同样采用最小二乘法,通过使因变量的观察值

与估计值之间的残差平方和达到最小,求得 $\hat{\beta}_0, \hat{\beta}_1, \hat{\beta}_2, \cdots, \hat{\beta}_n$ 的值。

三、多元线性回归方程的有效性检验

(一) 线性关系检验（F 检验）

与一元线性方程类似,多元线性回归方程的显著性检验利用方差分析的思想通过 F 检验完成,即

$$F = \frac{\text{SSR}/k}{\text{SSE}/(n-k-1)}$$

式中,SSR 为回归平方和;SSE 为误差平方和;n 为样本数,k 为自变量个数。F 统计量服从一个自由度为 k,第二个自由度为 $n-k-1$ 的 F 分布。同样的,如果 F 值达到显著性水平,说明构建的回归方程是成立的,即自变量和因变量之间存在线性关系。

(二) 回归系数的检验（t 检验）

与一元线性回归方程一样,采用 t 检验检验各个系数是否显著大于 0,即

$$t_i = \frac{\hat{\beta}_i}{s_{\hat{\beta}_i}}$$

式中,$s_{\hat{\beta}_i}$ 为各个 $\hat{\beta}_i$ 对应的标准误差。

四、多元线性回归方程的拟合优度

(一) 判定系数

多元线性回归方程判定系数 R^2 的计算和一元线性回归是类似的,其公式为

$$R^2 = \frac{\text{SSR}}{\text{SST}} = 1 - \frac{\text{SSE}}{\text{SST}}$$

与一元线性回归一样,R^2 越接近 1,回归直线拟合程度越高;反之,R^2 越接近于 0,拟合程度越小。但是,判定系数 R^2 的大小受到自变量个数的影响,一般随着自变量个数的增多,R^2 就会增大。由于增加自变量个数引起 R^2 增大与方程的拟合好坏无关,因此,我们可以对公式进行修正,即

$$R_n^2 = 1 - (1 - R^2) \frac{n-1}{n-k-1}$$

式中,R_n^2 为多重判定系数;SPSS 输出的结果称其为调整的 R^2（Adjusted R^2）;n 为样本数;k 为自变量的个数。R_n^2 度量了回归直线对观测数据的拟合程度,被称为拟合优度检验;而 R_n^2 的平方根被称为多重相关系数 R,也称为复相关系数,它度量的是因变量与 k 个自变量的相关程度。

(二) 估计的标准误差

多元线性回归中的估计标准误差是其残差均方的平方根,它是多元回归模型中误差项 ε 的方差 σ^2 的一个估计量。计算公式为

$$s_e = \sqrt{\frac{\text{SSE}}{n-k-1}}$$

式中,k 为自变量的个数。由于 s_e 是预测误差的标准差的估计量,因此,其含义可以解释为:根据自变量 $x_1, x_2, \cdots, x_k$ 来预测因变量 y 时的平均预测误差。

五、多重共线性

多元线性回归常常包含有两个或两个以上的自变量,而这些自变量有可能因为彼此相关性较高而存在某种线性关系,这个时候某个自变量往往可以用其他的自变量的线性函数来表示,这种现象被称为多重共线性(multicollinearity)。共线性问题是多元线性回归中的一个常见问题,它经常会让我们误判自变量和因变量间的关系。衡量多重线性回归的指标有以下几个。

(1) 容忍度(tolerance)。容忍度越小,则说明被其他自变量预测的精度越高,多重共线性越严重,如果容忍度小于 0.1 时,就存在严重的多重共线性。

(2) 方差膨胀因子(variance inflation factor,VIF)。是容忍度的倒数,数值越大,多重共线性越严重,一般不应该大于 5,大于 10 时,提示有严重的多重共线性。

(3) 特征根(eigenvalue)。特征根越接近 0,则提示多重共线性越严重。

(4) 条件指数(condition index)。当某些维度的条件指数大于 30 时,则提示存在多重共线性。

任务四 用 SPSS 进行多元线性回归分析

一、变量筛选方法

在建立多元回归模型时,通常希望以最少的变量构建最简洁的模型,因为自变量众多,自然就涉及变量的筛选问题,SPSS 提供了以下几种变量的筛选方法。

(1) 进入法(Enter)。这种方法是系统默认的方法,是将所有变量都引进方程,不管其显著性与否它都不会剔除任何变量,因此也被称为强制进入法。如果研究者在研究前已经依据自己的理论假设强制构建确定自变量数目的方程,那么可以根据自己的理论假设将需要的变量按序放入方程。

(2) 向前法(Forward)。这种方法是不断将变量加入回归方程中。首先,选择与因变量具有最高线性相关系数的自变量进入方程,并做检验;其次,在剩下的变量中选择与因变量偏相关系数最高并通过显著性检验的变量进入回归方程,再做检验。这一过程一直持续到没有符合条件的变量进入为止。

(3) 向后法(Backward)。这种方法是不断剔除回归方程中的变量。首先,将所有的变量全部引入回归方程,并对回归方程进行检验;然后,剔除不显著的回归系数中的 t 值最小的自变量并重新做检验。如果新方程里所有变量的回归系数都显著,则方程构建完成,否则就一直持续以上步骤直到没有变量可剔除为止。

(4) 逐步法(Stepwise)。逐步法实际上是向前法和向后法的综合。向前法是变量只进不出,即变量一旦进入就不再会被剔除;向后法是变量只出不进,即变量是不断地被剔除。而逐步法是在向前法的基础上加上向后法的策略,具体思路是先依据相关性高低依次引进变量,如果检验发现引进的自变量系数因为某种原因(常见的是多重共线性问题)不再显著,那么这样的变量仍旧会被剔除出去。

(5) 删除法(Remove)。SPSS 可以提供多层回归分析模式,即把某一些变量合在一起,称为"组块",几个变量可以组成若干"组块",它们以"组块"的整体模式进入方程,这个过程可以通过 SPSS 回归界面的"下一张(层)"完成,有多少个"组块"就有多少层。各个组块可以选用不同的方法筛选变量,如果某个板块采用删除法,一旦这个组块未能达到统计标准将会被整体删除。

由于逐步法兼顾向前法和向后法的优点,同时也弥补了强制进入法对于变量选择的盲目性,极大程度保证了变量的显著性,因此本书中对于多元线性回归方程的估计都采用逐步法。

二、回归方程的估计与检验

【案例 8-2】 某公司 30 名员工的信息表(见项目八数据"年薪影响因素.sav"),研究该公司员工的年薪是否受到其教育水平(指接受教育年限)、雇佣时间(指进入该公司的工作时间)、行业经验(指从事该行业的时间)的影响。如果有,是否能将他们构建起回归模型?如果可以,最终构建的模型是怎样的?

多元线性回归

案例分析:这里研究的是某个因素受到多个因素影响的问题,即因变量只有 1 个,而自变量有多个,我们可以采用多元回归方程命令来解决问题。

步骤 1:打开数据,依次选择【分析】→【回归】→【线性】命令。单击【线性】命令进入其主对话框,需要将自变量和因变量放入正确的窗口。因为研究的是年薪的影响因素,所以"年薪"被假设为因变量,而影响因素就被假设为自变量,因此这里把"年薪"放入【因变量】框,把"教育水平""雇佣时间"和"行业经验"放到【自变量】框,在【方法】下拉列表框中选择【逐步法】,如图 8-5 所示。

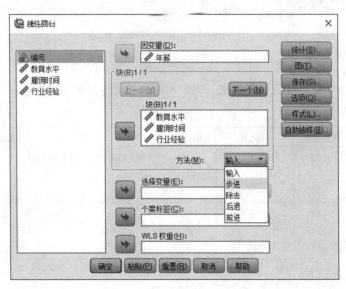

图 8-5 【线性回归】对话框

步骤 2:单击【统计量】进入其对话框,因为存在多个自变量,需要研究各个自变量间是否存在共线性问题,因此在默认选项的基础上勾选【共线性诊断】复选框,然后单击【继续】按钮返回主对话框,最后单击【确定】按钮,提交系统分析,如图 8-6 所示。

图 8-6 【线性回归：统计】对话框

步骤 3：结果解释。

（1）方程拟合度检验。从图 8-7 数据上看，第一个方程的判定系数 R^2 是 0.201，第二个方程的判定系数 R^2 是 0.371，第二个大于第一个 0.170，且达到了显著性水平（$p=0.012<0.05$），可以初步选定第二个方程。

模型摘要

模型	R	R^2	调整后R^2	标准估算的误差	R^2变化量	F变化量	自由度1	自由度2	显著性F变化量
					更改统计				
1	0.448[a]	0.201	0.172	55129.966	0.201	7.042	1	28	0.013
2	0.609[b]	0.371	0.325	49802.757	0.170	7.310	1	27	0.012

注：a为预测变量：常量，教育水平。
　　b为预测变量：常量，教育水平，行业经验。

图 8-7 模型汇总

图 8-8 给出了两个回归方程模型的显著性检验结果，从方差分析结果来看，两个方程的都在 0.05 的显著水平上有统计学意义，即两个方程的线性关系都是显著的。

ANOVA[a]

模型		平方和	自由度	均方	F	显著性
1	回归	2.140E+10	1	2.140E+10	7.042	0.013[b]
	残差	8.510E+10	28	3039313199		
	总计	1.065E+11	29			
2	回归	3.953E+10	2	1.977E+10	7.970	0.002[c]
	残差	6.697E+10	27	2480314622		
	总计	1.065E+11	29			

注：a为因变量：年薪。
　　b为预测变量：常量，教育水平。
　　c为预测变量：常量，教育水平，行业经验。

图 8-8 方差分析表

（2）回归系数检验及方程构建。图 8-9 给出了两个方程回归系数检验的多项结果，可以从表中看出纳入两个方程的自变量的显著性水平 p 值都是小于 0.05 的，综合上面的结果

系数^a

模型		未标准化系数		标准化系数	t	显著性	共线性统计	
		B	标准误差	Beta			容差	VIF
1	(常量)	−63580.909	114427.300		−0.556	0.583		
	教育水平	16438.636	6194.769	0.448	2.654	0.013	1.000	1.000
2	(常量)	−171817.594	110850.872		−1.550	0.133		
	教育水平	20088.830	5756.708	0.548	3.490	0.002	0.945	1.058
	行业经验	327.624	121.172	0.424	2.704	0.012	0.945	1.058

注：a 为因变量：年薪。

图 8-9 回归系数及其检验

分析，这里仍旧倾向于采纳第二个方程，可以构建起因变量和自变量的方程为

$$y = 20088x_1 + 327.624x_2 - 171817.594$$

式中，y 为"年薪"；x_1 为"教育水平"；x_2 为"行业经验"。

如果一个人的教育水平和行业经验已知，就可以预测出其年薪水平。当然，也可以构建其标准化的回归方程，即

$$y = 0.548x_1 + 0.424x_2$$

如果想要了解哪个因素对因变量的影响更大，可以比较标准化回归方程中自变量的标准化回归系数。例如，该例中教育水平的标准化回归系数为 $\beta=0.548$，行业经验的标准化回归系数为 $\beta=0.424$，可以看出该例子中教育水平对年薪的影响要比行业经验要大一些。

(3) 共线性分析。通常情况下，多元线性分析需要分析变量之间是否有共线性问题。从图 8-9 和图 8-10 可以看出，容忍度(即容差)接近 1，VIF 的值较小，都提示变量之间不存在多重线性问题。图 8-11 的特征根也不等于 0，条件指数(即条件索引)小于 30，这些条件也说明了变量之间不存在多重线性问题。

排除的变量^a

模型		输入Beta	t	显著性	偏相关	共线性统计		
						容差	VIF	最小容差
1	雇佣时间	0.263^b	1.579	0.126	0.291	0.974	1.027	0.974
	行业经验	0.424^b	2.704	0.012	0.462	0.945	1.058	0.945
2	雇佣时间	0.094^c	0.536	0.597	0.104	0.776	1.289	0.753

注：a 为因变量：年薪。
b 为模型中的预测变量：常量，教育水平。
c 为模型中的预测变量：常量，教育水平，行业经验。

图 8-10 已排除的变量

思政点滴

在理解事物之间相互关系时要避免主观臆断，要注重使用数量的方法探索数据之间的因果关系，同时要注重思维的转化，往往采用不同的线性回归模型所表示的因果关系是不一样的，这就要求我们要注重具体问题具体分析。另外，多元线性回归告诉我们一个结果往往是由很多个原因共同引起的，要在生活中注重观察事物之间的联系。

共线性诊断ᵃ

模型	维	特征值	条件指标	方差比例		
				（常量）	教育水平	行业经验
1	1	1.996	1.000	0.00	0.00	
	2	0.004	22.693	1.00	1.00	
2	1	2.792	1.000	0.00	0.00	0.03
	2	0.204	3.695	0.00	0.01	0.88
	3	0.004	28.159	0.99	0.99	0.09

注：a为因变量：年薪。

图 8-11　共线性诊断

本 章 小 结

1. 一元线性回归方程含有一个自变量和一个因变量，多元线性回归方程有多个自变量和一个因变量，其参数的估计方法都是最小二乘法。

2. 衡量线性回归方程拟合程度的指标有判定系数和估计标准误差。

3. 线性回归方程的检验有线性关系检验和回归系数检验，线性关系检验的方法是 F 检验，回归系数检验的方法有 t 检验。

4. 对于多元线性回归方程，需要判断是否存在多重共线性。

5. 多元线性回归方程的变量筛选方法有进入法、向前法、向后法、逐步法、删除法。

技 能 训 练

一、单选题

1. 已知线性回归方程为 $y=2-1.5x$，则变量 x 增加一个单位时（　　）。

　　A. y 平均增加 1.5 个单位　　　　　B. y 平均增加 2 个单位

　　C. y 平均减少 1.5 个单位　　　　　D. y 平均减少 2 个单位

2. 在回归分析中，代表了数据点和它在回归直线上相应位置差异的是（　　）。

　　A. 总平方和　　　B. 误差平方和　　　C. 回归平方和　　　D. 相关系数

3. 某同学 x 与 y 之间的一组数据求得两个变量的线性回归方程为 $y=bx+a$，已知数据 x 的平均值为 2，数据 y 的平均值为 3，则（　　）。

　　A. 回归直线必过点 (2,3)　　　　　B. 回归直线一定不过点 (2,3)

　　C. 点 (2,3) 在回归直线上方　　　　D. 点 (2,3) 在回归直线下方

4. 一位母亲记录了儿子 3～9 岁时的身高，由此建立的身高与年龄的线性回归方程为 $\hat{y}=7.19x+73.93$，由此可以预测这个孩子 10 岁时的身高，则正确的叙述是（　　）。

　　A. 身高一定是 145.83cm　　　　　B. 身高超过 146.00cm

　　C. 身高低于 145.00cm　　　　　　D. 身高在 145.83cm 左右

5. 在比较两个模型的拟合效果时,甲乙两个模型的可决系数 R^2 分别约为 0.96 和 0.85,则拟合优度好的模型是(   )。

  A. 甲   B. 乙   C. 两个都不好   D. 无法确定

二、实训题

1. 项目八数据"购物与售价.sav"是随机抽取的 16 家商场的同类产品的销售价格和购进价格,请用购进价格来预测销售价格。

2. 项目八数据"不良贷款.sav"记录了某银行 20 家分行的不良贷款数据,能否将不良贷款与其他几个因素的关系用回归模型表示出来?如果可以,请构建这样的回归模型。

3. 现有 1992—2006 年国家财政收入和国内生产总值的数据("财政收入和国内生产总值.sav"),请研究国家财政收入和国内生产总值之间的线性关系。

4. 2000 年以前我国粮食产量持续增长,但是进入 2000 年后我国粮食产量有所减少,我国开始进口粮食,那么为什么我国粮食产量出现减少,影响粮食产量的因素又是什么?为研究这个问题,我们特收集 1985—2005 年我国粮食产量、现有耕地面积、劳动力人口、农村财政投资、农村机械总动力、农村用电量、灌溉面积、化肥使用量和农药使用量 9 个变量数据(项目八"粮食产量.sav")。请分析影响我国粮食产量的因素并建立粮食产量回归方程。

项目九

时间序列分析与统计预测

学习目标

1. 理解时间序列的基本含义。
2. 掌握时间序列的四大分解要素。
3. 掌握时间序列的指标分析法。
4. 能够使用 SPSS 进行时间序列的预测。

如何预测社会消费品零售总额

社会消费品零售总额包括企业（单位、个体户）通过交易直接出售给个人、社会集团非生产非经营用的实物商品金额，以及提供餐饮服务所取得的收入金额值。

各年度的社会消费品零售总额不仅反映了一个社会当期的消费水平，也能反映出消费的成长潜力和趋势，进而反映出对经济的拉动程度，因而成为制定宏观经济政策的一个重要参考指标。合理预测未来的社会消费品零售总额，对未来政策的制定具有极其重要的参考价值。图 9-1 显示了我国 1992—2008 年各月社会消费品零售总额的走势。

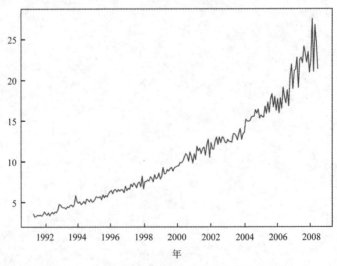

图 9-1　1992—2008 年各月社会消费品零售总额

怎样预测下个年度的社会消费品零售总额呢？

任务一 认识时间序列与因素分解

一、时间序列的概念

社会经济现象总是处于不断发展变化过程中,同一现象或问题在某一时刻发生的具体表现特征是不确定的,但随着时间的推移这种不断变化发展过程又呈现特定的规律。因此,在社会经济现象的研究中,不仅要从静态上分析研究对象在某一具体时间、地点条件下的数量特征和数量关系,还要从动态上来分析研究对象发展变化的规律。时间序列分析是运用时间序列的一系列动态指标,分析经济现象的变动过程和变动规律的一种动态分析方法。

所谓时间序列,是将反映同一现象数量方面的统计指标在不同时间上的数值,按照时间先后顺序排列所形成的序列,又称动态序列或时间数列。表 9-1 列举了 4 个时间序列,反映了我国 2010—2016 年的国内生产总值、年末总人口数、人口自然增长率和居民消费水平的发展情况。可以看出,时间序列由两个基本要素构成,一个是研究现象所属的时间,可以以年为单位,也可以以季、月、日为单位;另一个是反映该现象在一定时间条件下数量特征的指标值。

表 9-1 2010—2016 年我国主要的经济指标

年份	国内生产总值/亿元	年末总人口数/万人	人口自然增长率/‰	居民消费水平/元
2010	413030	134091	4.79	10919
2011	489301	134735	4.79	13134
2012	540367	135404	4.95	14699
2013	595244	136072	4.92	16190
2014	643974	136782	5.21	17778
2015	689052	137462	4.96	19397
2016	743586	138271	5.86	21285

二、时间序列的种类

由于反映社会经济现象的指标有总量指标、相对指标和平均指标三种,所以时间序列根据统计指标表现形式不同可以分为总量指标时间序列、相对指标时间序列和平均指标时间序列三种。其中总量指标时间序列是基本序列,后两种是在此基础上派生出来的时间序列。

(一)总量指标时间序列

把总量指标在不同时间上的数值按时间先后顺序排列而形成的时间序列,称为总量指标时间序列。它反映了社会经济现象在不同时间上所达到的绝对水平及其发展变化的过程。根据其反映的社会经济现象性质不同,又可以分为时期序列和时点序列两种。

1. 时期序列

总量指标时间序列中,如果每项指标都是同类性质的时期指标,则这种总量指标时间序列就被称为时期序列。时期序列反映某个经济现象在各个相等的时期内发展变化的总量。例如,表 9-2 就是反映我国 2012—2016 年国内生产总值的时期序列。

表 9-2 2012—2016 年我国国内生产总值

年份	2012 年	2013 年	2014 年	2015 年	2016 年
国内生产总值/亿元	540367.4	595244.4	643974.0	689052.1	743585.5

资料来源:中国国家统计局。

此外,反映产品产量、工资总额、产品销售收入、利润总额等发展变化情况的历史统计资料,都是时期序列。时期序列有以下特点。

(1) 时期序列中各个指标的数值都可以相加。时期序列中彼此连接时期的指标值可以加总,得出更长时期的总计值。例如,将表 9-2 中各年的国内生产总值相加,就是我国这五年内实现的国内生产总值。

(2) 时期序列具有连续统计的特点。国内生产总值是通过各个基本单位每天实现的增加值连续记录汇总而成的。

(3) 时期序列中各个指标数值大小与所包括时期长短有直接关系。时期可以是日、月、季、年或更长的时期,这要根据具体研究的目的来确定。一般来说,在时期序列中,时期越长,指标数值越大;时期越短,指标数值越小。例如,一年实现的国内生产总值大于半年的国内生产总值,半年完成的国内生产总值大于一个季度的国内生产总值。

2. 时点序列

总量指标动态数列中,若每一个指标值所反映的是现象在某一时刻上的总量,则这种时间序列称为时点序列。例如,表 9-3 是反映我国 2010—2016 年城镇就业人员数的时点序列。

表 9-3 我国 2010—2016 年城镇就业人数

年份	2010 年	2011 年	2012 年	2013 年	2014 年	2015 年	2016 年
城镇就业人数/万人	4467.5	5227.0	5643.0	6142.0	7009.0	7800.0	8627.0

资料来源:中国国家统计局。

此外,反映企业在制品结存量、原材料库存量、生产设备拥有量、定额流动资金占用额等发展变化情况的历史统计资料,都是时点序列。时点序列具有如下特点:

(1) 时点序列中各个指标的数值不具有可加性。时点序列中,同样一个总体单位或者标志值可能统计到数列中几个时期的指标值中。不同时点上的指标值相加没有经济意义。我们不能把每年的城镇就业人数加总,因为相加的结果会有重复,不能反映任何实际内容。

(2) 时点序列不具有连续统计的特点。由于反映的是现象在某一时刻上的状况,时点序列中的指标数值通常不是连续登记取得的,而是在某一时点上进行统计的。

(3) 时点序列中各个指标数值大小与其所属各时点间隔长短没有直接关系。时点数列各指标数值只表明现象在某一瞬间上的数量,因此其数值与时点间的间隔长短没有直接联系。例如,年底的工人数、库存量就不一定比年内各月底的数值大。

(二) 相对指标时间序列

把一系列同类相对指标按时间先后顺序排列而形成的时间序列叫作相对指标时间序

列。它反映社会经济现象之间相互联系的发展过程。相对指标时间序列是两个总量指标时间序列对比而形成的。它可以是两个时期序列对比形成的,如我国2007—2016年全社会固定资产投资额比上年增长的百分比(见表9-4);可以是两个时点序列对比形成的,如设备利用率时间序列;也可以是一个时期序列与一个时点序列对比形成的,如商品周转次数时间序列。在相对指标时间序列中,每个指标都是相对指标,而且各个指标数值是不能相加的。

表9-4　我国2007—2016年全社会固定资产投资额比上年增长的百分比

年份	2007年	2008年	2009年	2010年	2011年
增长百分比/%	24.84	25.85	29.95	12.06	23.76
年份	2012年	2013年	2014年	2015年	2016年
增长百分比/%	20.29	19.11	14.73	9.76	7.91

资料来源:中国国家统计局。

(三)平均指标时间序列

把一系列平均指标按时间先后顺序排列形成的时间序列称为平均指标时间序列。它反映社会经济现象总体各单位某个标志一般水平的发展变动趋势。平均指标时间序列也是由两个总量指标时间序列对比而形成的。它可以是两个时期序列对比形成的,如单位产品成本时间序列;可以是两个时点序列对比形成的,如平均每户家庭人口数时间序列;也可以是一个时期序列与一个时点序列对比形成的,如我国城镇居民家庭平均每人全年消费性支出时间序列(见表9-5)。在平均指标时间序列中,每个指标都是平均数,而且各个指标数值相加也是没有实际意义的。

表9-5　我国城镇居民人均消费支出

年份	2013年	2014年	2015年	2016年
城镇居民人均消费支出/元	18488	19968	21392	23079

资料来源:中国国家统计局。

三、时间序列的编制原则

时间序列反映社会经济现象发展变动的规律和趋势,要使编制成的时间序列能够揭示现象发展的客观实际,就要保证序列中各项指标值具有可比性,这是编制时间序列的基本要求。具体而言,编制原则有以下四点。

(1)时期序列的时期长短应该一致,时期序列和时点序列的间隔力求一致。时期序列指标值的大小与指标包含时间长短有直接关系。因此,一般要求时期序列指标值包含的时期前后一致,以便对比。时期序列的间隔最好能相等,以便于动态分析比较。对于时点序列来说,由于序列上的指标值均表示一定时刻上的状态,不存在包含时期长短的因素,只有间隔的问题。时点指标数值之间间隔若能相等,既便于动态对比分析,又便于进一步计算动态分析指标。

(2)总体范围应该一致。总体范围,通常是指现象的空间范围。正确编制时间序列,应根据研究目的,将总体范围前后的统计资料加以调整,使其保持一致。例如,研究某地区工业生产发展情况,如果那个地区的行政区划有了变动,则前后指标值就不能直接对比,必须将资料进行适当的调整,然后做动态分析。

(3) 指标的经济内容应该统一。指标的经济内容,与指标所反映现象的性质是密切联系着的,当指标所反映现象的性质发生变化时,指标的名称虽然依旧,但它已属于另一种性质,在此情况下,若将该指标数值进行动态对比分析,则结论很可能是错误的。例如,要研究深圳证券交易所每日股票量变化情况时,不允许序列中出现债券交易量的数据,也不允许序列中出现基金交易量的数据,不能将内容和含义不同的指标混合编制成一个时间序列。

(4) 指标的计算方法应该统一。时间序列各项指标的计算口径、计量单位和计算方法应该统一,保持不变。例如,要研究企业劳动生产率的变动、产量用实物量还是用价值量、人数用全部职工数还是用生产工人数,前后都要统一起来。再如,要把不同时期工农业产值对比,就应该注意价格水平的变化,采用统一的不变价格表示,不然,价格标准不同,就不能从指标的对比中,正确反映工农业产值的实际变化程度。可见,一个时间序列中、各期指标的计算方法、计算价格和计量单位若不相同,其指标数值就不具有可比性。

时间序列往往反映一段很长时期的过程,各期的统计资料难免由于各种原因导致指标所时间、总体范围、计算方法乃至经济内容不统一,所以可比性原则是需要强调的。

四、时间序列的因素分解

社会经济现象的发展变化受许多因素的影响,而时间序列各期指标值就是由这些因素共同作用形成的结果。为了研究社会经济现象发展变化的规律和趋势,并据此预测未来,需要将这些影响因素加以分解,并分别进行测定。在统计分析中,一般按影响因素的作用特点和对现象变化影响效果加以分类,可归纳为四种,即长期趋势、季节变动、循环变动、不规则变动,如图 9-2 所示。

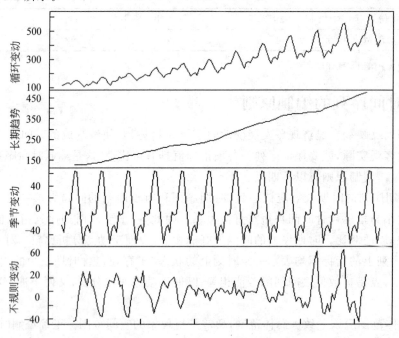

图 9-2 时间序列的因素分解

(一)长期趋势(T)

长期趋势是时间序列的基本构成要素,它是指社会经济现象在发展过程中,受某种固定的、起根本性作用的因素影响,在较长时期内呈现出的持续发展变化的一种趋向或状态。可以表现为持续上升或持续下降,或围绕某一数值上下波动的线性趋势,也可以表现为非线性趋势。

(二)季节变动(S)

季节变动是指在一年内由于社会、政治、经济、自然因素影响,形成的以一定时期为周期的有规律的重复变动。这里的"季节"一词是广义的,不仅是指一年四季,其实它是指任何一种周期不超过一年的有规律的变化。在现实生活中,季节变动是一种极为普遍的现象,在农业生产、工业生产、交通运输、旅游业、建筑业以及商品销售中都有明显的季节变动规律。例如,饮料的销售量有明显的季节特点,夏季销量增大,冬季则下降;以农产品为原料的加工企业,受原料供给的季节性影响也呈现出有规律的季节性变动。

(三)循环变动(C)

循环变动是指某种现象在比较长的时期内呈现出的有一定规律性的周期性波动。循环变动与长期趋势不同,它不是单一方向的持续变动,而是有涨有落的交替波动。循环变动与季节变动也不同,季节变动的周期小于一年并且有固定的周期,循环变动的周期超过一年,时期长短不一,没有固定的周期规律,一般较难识别。循环变动的典型例子是经济增长中出现的繁荣→衰退→萧条→复苏→繁荣的周而复始的运动。

(四)不规则变动(I)

不规则变动是指现象受偶然因素影响而呈现的不规则变动。例如,由突发的自然灾害、意外事故或重大政治事件所引起的剧烈变动,或者大量无可名状的随机因素干扰造成的轻微波动,是时间序列中以上三种变动所无法解释的部分。

时间序列分析的主要任务之一就是将各种构成要素进行统计测定,分析各要素的具体作用,揭示其变动的规律和特征,为预测经济现象的发展趋势提供依据。

进行时间序列分析的重要前提,就是要明确四种构成要素之间是怎样的结合形式,然后将四个影响因素同时间序列的关系用一定的数学关系式表示出来,就构成了时间序列的分解模型。将各影响因素分别从时间序列中分离出来并加以测定的过程,称为时间序列的构成分析。

乘法模型中以长期趋势值 T 作为各期指标值的绝对值基础,假定四因素变动相互影响,其他三类变动对时间序列指标值的影响程度是以相对数的形式表示的,则时间序列中的观察值是四个构成因素之积,即为乘法模型:

$$Y = T \times S \times C \times I$$

式中,Y 为时间序列中各期的指标值。在实际中,各种现象的影响一般都是相互的,因此应用较多的是乘法模型。

任务二 认识时间序列的指标分析

一、时间序列的水平分析

(一)发展水平

发展水平就是时间序列中某一指标的具体数值,反映了社会经济现象在各个时间上达到的规模或水平。发展水平可以表现为总量指标,如国内生产总值、资产总额等;也可以表现为相对指标,如居民消费价格指数、恩格尔系数等;还可以是平均指标,如人均可支配收入、人均粮食产量等。

(二) 平均发展水平

将不同时期的发展水平加以平均而得到的平均数叫作平均发展水平,又称为序时平均数。平均发展水平所平均的是社会经济现象在不同时间上的数量差异,因此是动态上说明一段时期内所达到的一般水平。

1. 绝对数时间序列的序时平均数

1) 时期序列的序时平均数

时期序列中的各观察值可以相加,形成一段时期内的累计总量,所以可直接用各时期指标值之和除以时期项数得到平均发展水平。计算公式为

$$\bar{Y} = \frac{Y_1 + Y_2 + \cdots + Y_n}{n} = \frac{\sum_{i=1}^{n} Y_i}{n}$$

式中,$\bar{Y}$为序时平均数;Y_i为第i个时期的观察值;n为观察值的个数(时期项数)。

【案例 9-1】 根据表 9-1 中的国内生产总值序列,计算 2010—2016 年我国年平均国内生产总值。

解:

$$\bar{Y} = \frac{\sum_{i=1}^{n} Y_i}{n} = \frac{4114554}{7} = 587793.4$$

2) 时点序列的序时平均数

时点序列中的各观察值是在某个时点上取得的,在两个时点之间都有一定间隔。在社会经济统计中,一般是将"天"作为最小的时间单位。如果时点序列的数值是逐日记录的,可视为连续的时点序列;如果不是逐日记录的,而是每隔一段时间登记一次,则视为间断的时点序列;按照时点之间的间隔是否相等又分为间隔相等和间隔不等两种情形。由于面对的资料类型不同,序时平均数的计算方法也不相同。

(1) 连续时点序列的序时平均数又分为间隔时间相等和间隔时间不等两种情况。

(2) 间隔时间相等的连续时点序列。如果时点序列资料是逐日登记排列形成的,其序时平均数可按照简单算数平均数的计算方法。

【案例 9-2】 2018 年 8 月 20 日起,中国石油的股价水平连续五日的收盘价分别为 8.18 元、8.17 元、8 元、8.06 元、8.13 元,则该股票 5 个交易日的平均收益价为

$$\bar{Y} = \frac{\sum_{i=1}^{n} Y_i}{n} = \frac{8.18 + 8.17 + 8 + 8.06 + 8.13}{5} = 8.108$$

(3) 间隔不等的连续时点序列。如果数据资料是逐日登记的,但实际上只在观察值发生时才登记一次,则用每次变动持续的间隔长度(T)为权数对各时点水平(Y)加权计算序时平均数。计算公式为

$$\bar{y} = \frac{Y_1 T_1 + Y_2 T_2 + \cdots + Y_n T_n}{T_1 + T_2 + \cdots + T_n} = \frac{\sum_{i=1}^{n} Y_i T_i}{\sum_{i=1}^{n} T_i}$$

【**案例 9-3**】 某企业 2018 年 8 月职工人数如表 9-6 所示,计算出该企业 8 月的日平均人数。

表 9-6　某企业 2018 年 8 月职工人数情况

日期	1～5 日	6～13 日	14～25 日	26～31 日
职工人数	1200	1210	1235	1220

解:

$$\bar{y} = \frac{\sum_{i=1}^{n} Y_i T_i}{\sum_{i=1}^{n} T_i} = \frac{1200 \times 5 + 1210 \times 8 + 1235 \times 12 + 1220 \times 6}{5 + 8 + 12 + 6} = 1220$$

(4) 间断时点序列的序时平均数。间断时点序列中也有间隔相等和间隔不等两种情况。

(5) 间隔相等的间断时点序列。由于时点指标的数值大小与时间长短无关,在实际工作中不必要每天登记。如商品库存量、职工人数等,通常都只统计月末数据,从而组成间隔相等的间断时点数列。可以假定指标值在两个相邻时点之间的变动是均匀的,先计算两个相邻时点指标的序时平均数,然后用这些平均数进行简单算术平均,求得整个研究时间的序时平均数。

① 计算两个时点值之间的平均数

$$\bar{y}_1 = \frac{Y_1 + Y_2}{2}, \bar{y}_2 = \frac{Y_2 + Y_3}{2}, \cdots, \bar{y}_{n-1} = \frac{Y_{n-1} + Y_n}{2}$$

② 用简单算数平均法计算序时平均数

$$\bar{y} = \frac{\frac{Y_1 + Y_2}{2} + \frac{Y_2 + Y_3}{2} + \cdots + \frac{Y_{n-1} + Y_n}{2}}{n-1} = \frac{\frac{Y_1}{2} + Y_2 + \cdots + Y_{n-1} + \frac{Y_n}{2}}{n-1}$$

式中,$\bar{Y}$ 为序时平均数;Y 为各时点的指标值;n 为时点个数。

【**案例 9-4**】 我国国有工业企业 2018 年 3—6 月各月末产成品存货情况如表 9-7 所示,计算 2018 年第二季度我国国有工业企业月平均产品存货。

表 9-7　我国国有工业企业 2018 年 3—6 月产品存货情况

日期	3 月末	4 月末	5 月末	6 月末
产成品存货	663.8	689.5	725.8	612.8

解:

$$\bar{y} = \frac{\frac{663.8 + 689.5}{2} + \frac{689.5 + 725.8}{2} + \frac{725.8 + 612.8}{2}}{4 - 1}$$

$$= \frac{\frac{663.8}{2} + 689.5 + 725.8 + \frac{612.8}{2}}{3} = 684.53$$

(6) 间隔不等的间断时点序列。如果数据资料是间隔不等的每期期末时点数据,则可用时间间隔长度为权数(T),对各相邻时点的平均水平进行加权平均。其计算公式为

$$\bar{Y} = \frac{\frac{Y_1+Y_2}{2} \times T_1 + \frac{Y_2+Y_3}{2} \times T_2 + \cdots + \frac{Y_{n-1}+Y_n}{2} \times T_{n-1}}{\sum_{i=1}^{n-1} T_i}$$

式中，T_i 为观察值 Y_i 与 Y_{i+1} 之间间隔的时间长短。

【案例 9-5】 我国国有工业企业 2018 年上半年应收账款数据资料如表 9-8 所示，计算我国国有工业企业 2018 年上半年的应收账款月平均余额。

表 9-8 我国国有工业企业 2018 年上半年应收账款情况

日期	1月初	2月末	5月末	6月末
应收账款	1958.7	2047.6	2232.3	2189.6

解：

$$\bar{Y} = \frac{\frac{1958.7+2047.6}{2} \times 2 + \frac{2047.6+2232.3}{2} \times 3 + \frac{2232.3+2189.6}{2} \times 1}{2+3+1}$$
$$= 2106.2$$

2. 相对数或平均数时间序列的序时平均数

相对数和平均数通常是由两个绝对数对比形成的，计算序时平均数时，应先分别求出相对数或平均数的分子 a 和 b 的平均数，然后在进行对比，即得相对数或平均数的序时平均数，计算公式为

$$\bar{Y} = \frac{\bar{a}}{\bar{b}}$$

式中，$\bar{a}$ 和 $\bar{b}$ 可按绝对数时间序列序时平均数的计算方法求得。

【案例 9-6】 我国国有工业企业 2018 年 3—6 月的主营业务收入、流动资产资料如表 9-9 所示，是计算我国国有工业企业 2018 年第二季度月平均流动资产周转次数。

表 9-9 我国国有工业企业 2018 年 3—6 月主营业务收入与流动资产资料

指标名称	3月	4月	5月	6月
主营业务收入	3530.6	3356.3	3497.8	2275.0
月末流动资产余额	16282.0	16143.7	16533.9	14842.5

解：第二季度的流动资产周转次数不能用简单算术平均法直接计算，须分别计算分子、分母的序时平均数，然后对比求得。表 9-9 中的主营业务收入是时期指标，流动资产是时点指标，且间隔相等，应当分别计算序时平均数。

$$\bar{Y} = \frac{\bar{a}}{\bar{b}} = \frac{(3356.3+3497.8+2275)/3}{(16282/2+16143.7+16533.9+14842.5/2)\big/3} = \frac{3043}{16080} = 0.19$$

（三）增长量

增长量是时间序列中的报告期水平与基期水平之差，用于描述研究现象在观察期内增减的绝对量。若二者之差为正数，表示增长；若为负数，则表示下降。计算公式为

$$增长量 = 报告期水平 - 基期水平$$

由于选择的基期不同,增长量有逐期增长量和累计增长量之分。

1. 逐期增长量

逐期增长量是报告期水平与前一时期水平之差,表示本期较上期增加(减少)的绝对数量。计算公式为

$$逐期增长量 = Y_i - Y_{i-1}$$

2. 累积增长量

累积增长量是报告期水平与某一固定时期水平之差,说明报告期与某一固定时期相比增加(减少)的绝对数量。计算公式为

$$累积增长量 = Y_i - Y_0$$

3. 逐期增长量与累积增长量的关系

(1) 累积增长量等于相应的各逐期增长量之和,即

$$\sum_{i=1}^{n}(Y_i - Y_{i-1}) = Y_n - Y_0$$

(2) 相邻两期的累积增长量之差等于相应时期的逐期增长量,即

$$(Y_i - Y_0) - (Y_{i-1} - Y_0) = Y_i - Y_{i-1}$$

(四) 平均增长量

平均增长量是时间序列各逐期增长量的平均数,用于描述现象在观察期内平均每期增长的数量。它既可以根据逐期增长量求得,也可以根据累积增长量求得。计算公式为

$$平均增长量 = \frac{逐期增长量之和}{逐期增长量个数} = \frac{累积增长量}{观察值个数 - 1}$$

二、时间序列的速度分析

(一) 发展速度

发展速度是同一现象在两个不同时期发展水平对比的结果,用于描述社会经济现象在观察期内相对发展变化程度。当发展速度的计算结果大于 100% 时,表明现象呈上升趋势;低于 100% 时,表明现象呈下降趋势。一般用百分数表示,也可以用倍数和翻番数表示。计算公式为

$$发展速度 = \frac{报告期水平}{基期水平} \times 100\%$$

基期水平由于选择的基期不同,发展速度可以分为环比发展速度和定基发展速度。

1. 环比发展速度

环比发展速度是报告期水平与前一期水平之比,说明研究现象逐期发展变化的程度。计算公式为

$$环比发展速度 = \frac{报告期水平}{前一期水平} = \frac{Y_i}{Y_{i-1}}$$

2. 定基发展速度

定基发展速度是报告期水平与某一固定时期水平之比,说明研究现象在整个观察期内总的发展变化程度。计算公式为

$$定基发展速度 = \frac{报告期水平}{固定基期水平} = \frac{Y_i}{Y_0}$$

3. 环比发展速度与定基发展速度之间的关系

(1) 定基发展速度等于各个环比发展速度的连乘积，即

$$\prod \frac{Y_i}{Y_{i-1}} = \frac{Y_n}{Y_0}$$

(2) 两个相邻时期的定基发展速度之比等于相应时期的环比发展速度，即

$$\frac{Y_i}{Y_0} \bigg/ \frac{Y_{i-1}}{Y_0} = \frac{Y_i}{Y_{i-1}}$$

（二）增长速度

增长速度是增长量与基期水平之比，用于描述社会经济现象增长的相对速度。它既可以根据增长量求得，也可以根据发展速度求得。计算公式为

$$增长速度 = \frac{增长量}{基期水平} = \frac{报告期水平 - 基期水平}{基期水平} = 发展速度 - 1$$

发展速度与增长速度是一个问题的两个说法，两者有着密切的联系。发展速度说明报告期水平是基期水平的百分之几，包含了基期水平；增长速度说明报告期水平比基期增长或降低了百分之几，扣除了基期水平。因此，当发展速度大于 1 时，增长速度为正值，表示研究现象为正增长；当发展速度小于 1 时，增长速度为负值，表示研究现象为负增长；当发展速度等于 1 时，增长速度为 0，表示研究现象发展水平维持不变。

由于选择的基期不同，增长速度也可分为环比增长速度和定基增长速度。

1. 环比增长速度

环比增长速度是逐期增长量与前一期水平之比，用于描述现象逐期增长的程度。计算公式为

$$环比增长速度 = \frac{Y_i - Y_{i-1}}{Y_{i-1}} = \frac{Y_i}{Y_{i-1}} - 1$$

2. 定基增长速度

定基增长速度是累计增长量与某一固定时期水平之比，用于描述现象在观察期内总的增长速度。计算公式为

$$定基增长速度 = \frac{Y_i - Y_0}{Y_0} = \frac{Y_i}{Y_0} - 1$$

环比增长速度与定基增长速度之间没有直接的换算关系。若要根据环比增长速度推算定基增长速度时，可先将环比增长速度加 1，转换成环比发展速度；然后将环比发展速度连乘，计算出定基发展速度；然后将计算结果减 1，求出定基增长速度。

（三）平均发展速度

平均发展速度是各个时期环比发展速度的序时平均数，用于描述研究现象在分析期内的平均变动程度。

环比发展速度是根据同一现象在不同时期发展水平对比而得到的动态相对数，由于所依据的基期不同，环比发展速度直接相加是没有意义的，因此，计算平均发展速度不能用算术平均数方法，经常采用的方法是几何平均法（水平法）。计算公式为

$$\bar{R} = \sqrt[n]{\frac{Y_1}{Y_0} \times \frac{Y_2}{Y_1} \times \cdots \times \frac{Y_n}{Y_{n-1}}} = \sqrt[n]{\prod \frac{Y_i}{Y_{i-1}}} = \sqrt[n]{\frac{Y_n}{Y_0}}$$

式中：$\bar{R}$ 为平均发展速度；$\prod$ 为连乘符号；n 为环比发展速度的个数，它等于观察数据的个数减 1。

（四）平均增长速度

平均增长速度是用于描述社会经济现象在整个观察期内平均增长变化的程度，它通常用平均发展速度减 1 来求得，即

$$平均增长速度 = 平均发展速度 - 1$$

当平均发展速度大于 1 时，平均增长速度为正数，称为研究现象在一段时期内的平均递增速度；当平均发展速度小于 1 时，平均增长速度为负数，称为研究现象在一段时期内的平均递减速度。

三、水平分析与速度分析的综合运用

速度分析与水平分析相结合大多数有关社会经济现象的时间序列经常利用速度来描述其发展的数量特征。实际应用中，应结合实际问题慎重选择分析方法。

(1) 当时间序列中的观察值出现 0 或负数时，不宜计算速度。例如，假定某企业连续五年的利润额分别为 5 万元、0 万元、-3 万元、2 万元，对这一序列计算速度，要么不符合数学直觉规则，要么无法解释其实际意义，这种情况下，适宜用水平分析法计算增减量。

(2) 在有些情况下，不能单纯就速度论速度，要注意速度与绝对水平的结合分析。

【案例 9-7】 假定有两个生产条件基本相同的企业，报告期与基期的利润额及有关速度资料如表 9-10 所示。

表 9-10 甲乙两企业利润额完成情况

企业名称	利润额		增长量/万元	增长速度/%	增长 1% 的绝对值
	基期	报告期			
甲	500	600	100	20	5
乙	50	70	20	40	0.5

若单纯就速度指标对甲乙两个企业进行分析评价，乙企业利润增长速度比甲企业高出 1 倍，会得出结论：乙企业的生产经营业绩比甲企业要好得多。这样的结论显然不切实际，因为速度是一个相对数，它与对比的基期值的大小有很大的关系。高速度可能掩盖低水平；低速度可能隐含高水平。因此，在分析研究现象发展状况时，既要看速度，又要看水平，才不致产生片面性。例 9-7 表明，由于两个企业基期利润额差异较大，增长速度具有不可比性。在这种情况下，需要将增长速度和绝对水平结合起来进行分析，通常要计算增长 1% 的绝对值来弥补速度分析中的局限性。

增长 1% 的绝对值表示速度每增长一个百分点面增加的绝对数量，计算公式为

$$增长\ 1\%\ 的绝对值 = \frac{逐期增长量}{环比增长速度 \times 100} = \frac{前期水平}{100}$$

根据表 9-10 的资料计算，每增长 1%，甲企业利润额增加 5 万元，而乙企业为 0.5 万元，

甲企业远高于乙企业。这说明甲企业的生产经营业绩不是比乙企业差,而是更好。

任务三 运用时间序列进行统计预测

一、长期趋势的测定

(一)移动平均法

移动平均法是通过逐期移动计算序时平均数,把原始序列的时距扩大,得出的序时平均数构成一个新的时间序列。新序列比原始序列的变动减小,数据的变动趋势更加光滑。移动平均法是修匀时间序列的常用方法之一,通过计算移动平均数,在一定程度上可以削弱短期的偶然因素对现象发展的作用,经过修匀的时间序列所描绘的轨迹会变得更平滑,从而反映现象发展变化的总体趋势,通过移动平均得到的一系列许是平均数就是各对应时期的趋势值。

假设 $y_1, y_2, y_3, \cdots, y_{n-1}, y_n$ 是一个时间序列,取 k 项,依次连续计算其算数平均数。

$$y'_1 = \frac{y_1 + y_2 + \cdots + y_k}{k}$$

$$y'_2 = \frac{y_2 + y_3 + \cdots + y_{k+1}}{k}$$

$$y'_3 = \frac{y_3 + y_4 + \cdots + y_{k+2}}{k}$$

$$y'_4 = \frac{y_4 + y_5 + \cdots + y_{k+3}}{k}$$

$$\cdots$$

式中,$y'_1, y'_2, y'_3, \cdots, y'_k$ 为原数列的 k 项移动平均序列。

用移动平均法对动态数列进行修匀时,应注意以下问题。

(1)移动平均法对时间序列的修匀程度,与移动平均的项数有关。一般而言,移动平均的项数越多,得出的趋势线越平滑,移动平均的效果越好。

(2)应根据原始资料的特点,确定移动平均的项数。若原始资料是周期性变动的,应以周期长度作为移动平均的基础,当移动平均的时期长度等于资料的周期长度或其整数倍时,移动平均法能彻底消除资料周期性变动的影响,较为准确地解释现象发展的长期趋势。

(3)一般采用奇数项进行移动平均。这是因为奇数项移动平均所得的趋势值正好对准其中间项的原始值。因此,奇数项的移动平均,一次即得趋势值。若采用偶数项进行移动平均,必须经过两次移动,所得的趋势值才能对准数列的原始值。偶数项移动平均比奇数项移动平均复杂,一般不采用。

(4)移动平均后趋势值的项数=原数列项数-移动平均项数+1=$n-k+1$。

(5)由于移动平均的项数减少了,移动平均后造成了数据信息的丢失。

(二)线性模型法

当时间序列存在明显的上升或下降的趋势时,可以利用直线回归的方法对原时间序列拟合线性方程,消除其他成分变动,从而揭示出数列长期直线趋势。如果这种趋势能够延续到未来,就可以利用这种趋势进行外推预测。

当时间序列的逐期增长量大致相同时,表现为典型的线性趋势,可以拟合直线趋势方程。一般形式为

$$\hat{Y}_t = a + bt$$

式中,$\hat{Y}_t$ 为时间序列 Y_t 的趋势值;t 为时间,a 为截距项,是 $t=0$ 时 $\hat{Y}_t$ 的初始值;b 为趋势线斜率,表示时间 t 每变动一个单位时趋势值 $\hat{Y}_t$ 的平均变动数量。

趋势方程中的两个待定系数 a 和 b 通常用最小二乘法求解。该方法是根据回归分析中的最小平方法原理。对时间序列配合一条趋势线,使之满足条件:各实际观察值(Y_t)与趋势值($\hat{Y}_t$)的离差平方和最小,即 $\Sigma(Y_t - \hat{Y}_t)^2 =$ 最小值,根据微积分的极值原理,分别对 a 和 b 求偏导并令其为 0,整理后可得到参数 a 和 b 的标准方程:

$$\Sigma Y = na + b\Sigma t$$
$$\Sigma tY = a\Sigma t + b\Sigma t^2$$

解上述方程组得 a 和 b 的公式为

$$b = \frac{n\Sigma tY - \Sigma t\Sigma Y}{n\Sigma t^2 - (\Sigma t)^2}$$

$$a = \bar{y} - b\bar{t}$$

求出 a 和 b 的值代入原式中,即可得到直线趋势方程。

(三) 指数平滑法

指数平滑法是对过去的观察值加权平均进行预测的一种方法。该方法是根据 t 期的实际值与 t 期的预测值,分别给以不同的权数,计算加权平均数作为 $t+1$ 期的预测值。指数平滑法是加权平均的一种特殊形式,最近一期的实际值权重最高,实际值离预测时间越远,其权数也跟着呈指数下降,因而称为指数平滑法。指数平滑法可用于对时间序列进行修匀,以消除随机波动,找出序列的变化趋势,还可以用来进行短期预测。指数平滑法有一次指数平滑法、二次指数平滑法、三次指数平滑法等。这里主要介绍一次指数平滑法。

一次指数平滑法只有一个平滑系数,而且实际值离预测时间越久远,权数变得越小。一次指数平滑是将一段时期的预测值与实际值的线性组合作为 $t+1$ 期的预测值,其预测模型为

$$F_{t+1} = \alpha Y_t + (1-\alpha)F_t$$

式中,Y_t 为第 t 时期的实际值;F_t 为第 t 期的预测值;α 为平滑系数($0 \leqslant \alpha \leqslant 1$)。

用指数平滑法进行预测时,初始值与平滑系数的确定是关键,直接影响着趋势值预测误差的大小。

1. 初始值的确定

通常时间序列总项数较多,经过长期的平滑链推算,初始值的影响会越来越小,可取 $F_1 = Y_1$ 作为近似值进行计算,则第 2 期的预测值为

$$F_2 = \alpha Y_1 + (1-\alpha)F_1 = \alpha Y_1 + (1-\alpha)Y_1 = Y_1$$

第 3 期的预测值为

$$F_3 = \alpha Y_2 + (1-\alpha)F_2 = \alpha Y_2 + (1-\alpha)Y_1$$

……

可见任何预测值都是以前所有实际值的加权平均,但利用指数平滑模型,只要掌握前一期的实际值、预测值和平滑系数即可得到预测值,所使用的资料较少。

2. 平滑系数 α 值的确定

平滑系数的大小决定了平滑的程度，不同的 α 值会对预测结果产生不同的影响。当 $\alpha=0$ 时，预测值与上一期预测值相同；当 $\alpha=1$ 时，预测值是上一期的实际值。因此，α 越接近 1，模型对时间序列变化的反应越及时，因为它给当前的实际值赋予了比预测值更大的权数。而 α 越接近 0，意味着给当前的预测值赋予了更大的权数，因此模型对时间序列的反应就越慢。一般来说，当时间序列有较大的随机波动时，宜选较大的 α，以便能很快跟上近期的变化。当时间序列比较平稳时，宜选较小的 α。

二、季节变动的测定

（一）平均数比率法

平均数比率法是直接根据原时间序列通过简单平均来计算季节指数的一种常用方法，又称直接平均法。该方法的基本思想是：计算出各年同月（或季）平均数（消除随机影响），作为该月（或季）的代表值；然后计算出全部月（或季）的总平均数，作为全年的代表值；再将同月（或季）平均数与全部月（或季）的总平均数进行对比，即为季节指数。具体步骤如下。

(1) 计算各年同月（或季）的平均数 $\overline{Y_i}$，消除各年同一时期数据的不规则变动。

(2) 计算全部数据的总月（或季）平均数 $\overline{Y}$，找出整个序列的水平趋势。

(3) 计算各同月（或季）平均数与总月（或季）平均数的百分比，即为各月（或季）的季节指数（S_i）。其计算公式为

$$季节指数(S) = \frac{同月（或季）平均数}{总月（或季）平均数} \times 100\%$$

平均数比率法计算简单，易于理解，适用于时间序列没有明显的长期趋势和循环波动的情况。

（二）趋势剔除法

如果时间序列的长期趋势比较明显，需要先将长期趋势予以消除，然后计算季节指数。其中，序列中的趋势值可采用移动平均法求得，也可采用最小二乘法求得。

采用移动平均趋势剔除法分析季节变动时，假定时间序列各要素的关系结构为：$Y = T \times S \times C \times I$，同时假定各年度的不规则波动 I 彼此独立。具体步骤如下。

(1) 用移动平均法计算各月（或季）的趋势值。移动平均的项数取周期的长度，由于 12 个月（或 4 个季度）的移动平均数与季节变动的周期（一年）相同，通过移动平均，可以完全消除季节性因素和大部分不规则波动。移动项数是偶数，需要在一次移动平均的基础上进行二次移动平均，得到中心化移动平均值。若时间序列不包含循环变动，则得到的中心化移动平均值为趋势变动的结果，即为 T；若时间序列中还包含循环变动，则所得到的中心化移动平均值就是长期趋势和循环变动综合作用的结果，即为 $T \times C$。

(2) 从时间序列中剔除趋势值。用各期的实际值 Y 除以移动平均趋势值 $T \times C$，所得数值是"季节变动和不规则波动相对数"，即 $\dfrac{T \times C \times S \times I}{T \times C} = S \times I$。

(3) 计算季节指数。将消除趋势变动的序列（$S \times I$）按月（或季）重新排列，计算各年同月（或季）平均数，以消除不规则波动的影响；再将其除以总平均数，即得季节指数 S。

(4) 季节指数的调整。从理论上说，各月（或季）的季节指数之和应等于 1200%（或

400%)。但由于计算过程中舍入误差的影响,若各月(或季)的季节指数之和不等于1200%(或400%),这时可计算调整系数,将其误差分摊到各期的季节指数中去。

$$调整系数 = \frac{1200\%(或400\%)}{\Sigma S}$$

调整后的季节指数 = 原季节指数 × 调整系数

任务四 用 SPSS 进行时间序列分析与统计预测

【**案例 9-8**】 打开项目九数据"彩电出口.sav",请利用 SPSS 软件操作:①创建彩电出口数量的时间序列。②用最小二乘法测定长期趋势,拟合线性趋势方程,并进行趋势预测。③测定彩电出口数量的季节变动规律。④用指数平滑法预测 2014 年和 2015 年的彩电出口数量。

1. 创建彩电出口数量的时间序列

步骤 1:选择【数据】→【定义日期】,选择相应的时间设置类型,然后按【确定】按钮。在本案例中,数据是年份和月份数据,从 2003 年 1 月开始的,所以时间为"年份、月份"类型,且起始年份为 2003 年,起始月份为 1 月(见图 9-3)。运行完成后,数据文件中会增加相应的时间变量,增加了 3 个变量,分别是 YEAR_、MONTH_ 及 DATE_,相应结果如图 9-4 所示。

创建时间序列

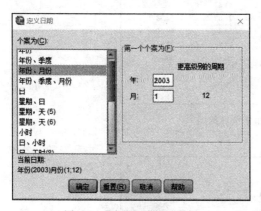

图 9-3 【定义日期】对话框   图 9-4 定义日期变量后的结果

步骤 2:用移动平均法创建时间序列。选择【转换】→【创建时间序列】,将 Export_1 变量移入右侧的"变量-新名称"框中,在"函数"下拉框中选择"中心移动平均",在"跨度"中输入 5,表示五项移动平均,然后单击【更改】,单击【确定】按钮(见图 9-5)。设置完毕,单击确定按钮,则会在原数据文件中增加一个名称为 Export_1 的五项移动平均序列,如图 9-6 所示。

步骤 3:绘制时间序列趋势图。选择【分析】→【预测】→【序列图】,将 Export 和 Export_1 移入右侧的"变量"框中,并将定义的日期变量设为【时间轴标签】,单击【确定】按钮,设置如图 9-7 所示,输出结果如图 9-8 所示。

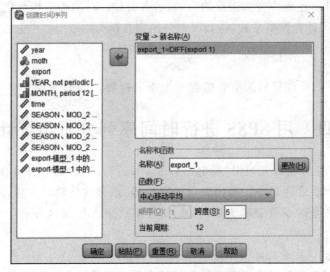

图 9-5 【创建时间序列】对话框

SAF_1	STC_1	预测值_export_ 模型_1	预测值_expor t_模型_1_A	export_1	变量
.82267	16.40435	15.60	15.60	.	
.76106	19.34552	11.47	11.47	.	
.98680	25.22788	24.88	24.88	22.38	
.92009	30.27234	24.81	24.81	26.10	
.83365	33.21677	22.97	22.97	28.54	
.93524	33.61710	35.56	35.56	30.25	
.91418	33.94490	34.65	34.65	33.19	
.89345	35.75732	29.95	29.95	35.29	
.05818	39.29072	41.61	41.61	41.73	

图 9-6 增加变量后的结果

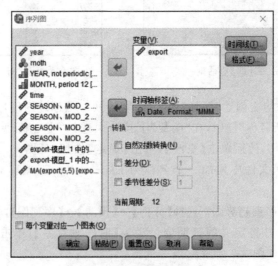

图 9-7 【序列图】对话框

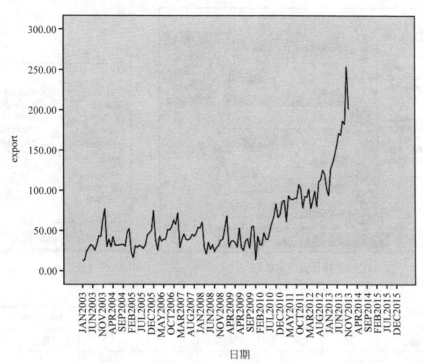

图 9-8 时间序列图

由图 9-8 可以看出,彩电出口量趋势线变得平滑,随着时间的延长,彩电出口量增加的趋势特征明显。但是增长并不是单调上升的,而是有涨有落,这种升降不是杂乱无章的,与季节因素有关。我们知道,影响时间序列的因素有长期趋势变动、季节因素、循环变动和不规则变动,所以案例中彩电出口量的变动除了增长的长期趋势和季节变动的影响外,还受不规则变动和循环变动的影响。

2. 用最小二乘法分析彩电出口量变动的长期趋势

步骤 4:新建一个时间变量,变量名为 time,按照时间的顺序设为 1,2,3,4,5,…。选择【分析】→【回归】→【线性】,将变量 Export 移入【因变量】框中,将变量 time 移入【自变量】框中,如图 9-9 所示。

用最小二乘法分析长期趋势

步骤 5:单击【统计量】,进行统计量选择,单击【继续】按钮,返回主对话框,单击【确定】按钮。统计量选择如图 9-10 所示的对话框,运行结果如图 9-11 所示。

图 9-11 是最小二乘法的估计结果。由表中数据可以看出,常数项和自变量 time 的 t 值分别为 1.617 和 11.803。时序(time)的显著性概率值为 0,小于 0.05,故时序对因变量有显著性影响,而常数项的显著性概率值为 0.108,大于 0.05,对因变量的影响不显著。所以,我们应该去掉常数项。

步骤 6:单击【统计量】进行统计量选择,单击【继续】按钮返回主对话框,单击【选项】,打开【线性回归:选项】,不选中【在等式中包含常量】,单击【继续】按钮返回主对话框,单击【确定】(OK)按钮。选项选择如图 9-12 所示的对话框,运行结果如图 9-13 所示。

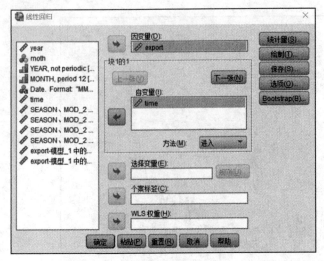

图 9-9 线性回归对话框

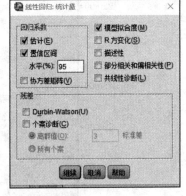

图 9-10 【线性回归：统计量】对话框

系数[a]

模型		非标准化系数		标准系数	t	Sig.	B的95.0%置信区间	
		B	标准误差	试用版			下限	上限
1	（常量）	8.249	5.100		1.617	0.108	−1.841	18.339
	time	0.785	0.067	0.719	11.803	0.000	0.654	0.917

注：a为因变量：export。

图 9-11 回归系数表

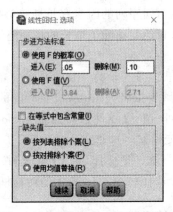

图 9-12 【线性回归：选项】对话框

系数[a,b]

模型		非标准化系数		标准系数	t	Sig.	B的95.0%置信区间	
		B	标准误差	试用版			下限	上限
1	time	0.879	0.033	0.917	26.401	0.000	0.813	0.945

注：a为因变量：export0。
　　b为通过原点的线性回归。

图 9-13 不含常数项的回归分析结果

由图 9-13 可知,自变量 time 的 t 值为 26.401,显著性概率值为 0,小于 0.05,因此 time 对因变量有显著影响。即 export=0.879time。

3. 测定彩电出口数量的季节变动规律

步骤 7:选择【分析】→【预测】→【季节性分解】命令,单击【保存】按钮,选择【添加至文件】,单击【继续】按钮,再单击【确定】按钮。按照图 9-14 和图 9-15 进行设置,运行结果如图 9-16 和图 9-17 所示。

测定季节性变动

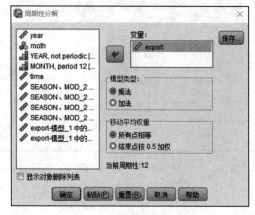

图 9-14 【周期性分解】对话框

图 9-15 【周期:保存】对话框

图 9-16 显示了模型的名称、类型、季节性期间的长度和移动平均数的计算方法等信息。

模型描述

模型名称	MOD_1
模型类型	可乘
序列名称 1	export
季节性期间的长度	12
移动平均数的计算方法	跨度等于周期,并且所有点具有相同的权重

注:正在应用来自 MOD_1 的模型指定。

图 9-16 模型描述

图 9-17 是季节性因素,由于受季节性的影响,各月份的彩电出口量有很大不同。可看出 9 月、10 月、11 月、12 月的季节指数大于 1,说明彩电出口在这些月份是旺季,12 月的彩电出口情况最好。其余月份的季节指数小于 1,是淡季,其中 2 月的出口情况最差。

图 9-18 是数据文件中显示的数据视图。从图 9-18 中可以看出,数据文件中增加了 4 个序列:ERR_1 表示"出口量"序列进行季节性分解后的不规则变动序列;SAS_1 表示"出口量"序列进行季节性分解除去季节性因素后的序列;SAF_1 表示"出口量"序列进行季节性分解产生的季节性因素序列;STC_1 表示"出口量"序列进行季节性分解出来的序列趋势和循环成分。

用数据文件新增的这 4 个序列作时序图,按照【分析】→【预测】→【序列图】的顺序,运行结果如图 9-19 所示。

季节性因素
序列名称:export

期间	季节性因素(%)
1	82.3
2	76.1
3	98.7
4	92.0
5	83.4
6	93.5
7	91.4
8	89.3
9	105.8
10	110.5
11	125.6
12	151.4

图 9-17　季节性因素表

ERR_1	SAS_1	SAF_1	STC_1
.92773	15.21880	.82267	16.40435
.93255	18.04068	.76106	19.34552
.98213	24.77709	.98680	25.22788
1.03220	31.24708	.92009	30.27234
1.17186	38.92530	.83365	33.21677
.98951	33.26435	.93524	33.61710
.83592	28.37506	.91418	33.94490
1.03232	36.91302	.89345	35.75732
1.04602	41.09886	1.05818	39.29072
.90260	38.86466	1.10486	43.05854

图 9-18　出口量季节变动、循环变动、长期趋势和不规则变动指数计算结果

图 9-19　季节性分解后的时序图

4. 用指数平滑法预测 2014 年和 2015 年的彩电出口数量

步骤 8：选择【分析】→【预测】→【创建模型】→【时间序列建模器】命令。按照图 9-20 进行设置。把 export 移到右侧的【因变量】栏,【方法】选择指数平滑法。

步骤 9：单击【条件】→【时间序列建模器：指数平滑条件】通过比较【简单季节性】、【Winters 可加性】、【Winters 相乘性】不同的季节性指数平滑模型发现，【Winters 可加性】的拟合最好，"平稳的 R 方"达到了 0.499。本案例选择【Winters 可加性】，如图 9-21 所示。

用指数平滑法进行预测

步骤 10：单击【统计量】，【统计量】选项卡设置如图 9-22 所示，勾选【按模型显示拟合度量、Ljung-Box 统计量和离群值的数量】、【平稳的 R 方】、【拟合优度】、【参数估计】、【显示预测值】选项。

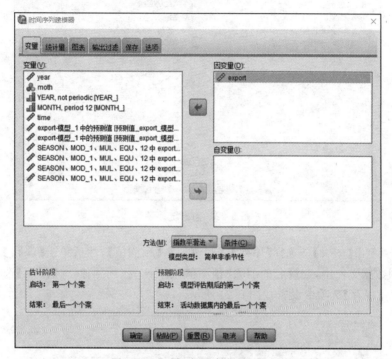

图 9-20 【时间序列建模器】对话框

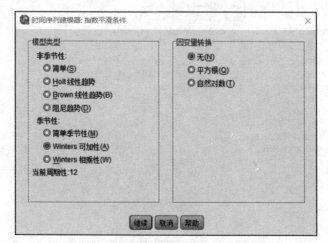

图 9-21 【时间序列建模器：指数平滑条件】对话框

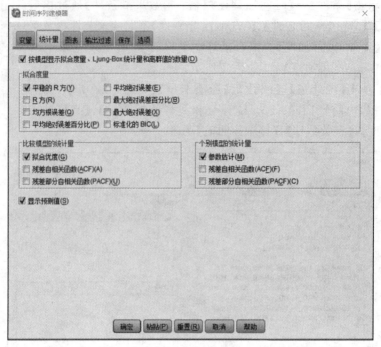

图 9-22 输出统计量

步骤 11：单击【图表】→选择【序列】、【观测值】、【预测值】，然后单击【保存】按钮，将【预测值】保存到数据文件中，变量名的前缀"预测值(P)"改为"预测值"。【图表】选项卡设置如图 9-23 所示，【保存】选项卡设置如图 9-24 所示。

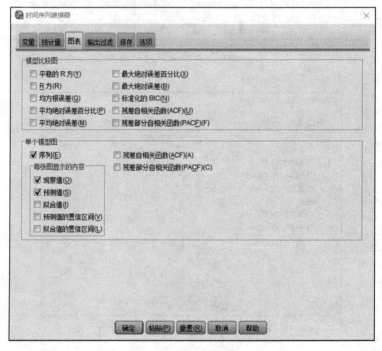

图 9-23 【图表】选项卡

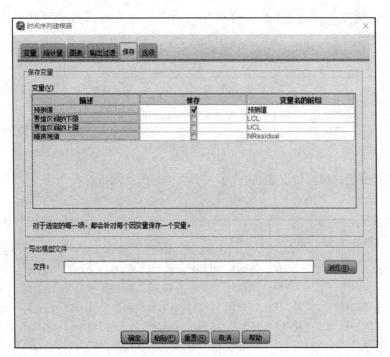

图 9-24 【保存】选项卡

步骤 12：单击【选项】，在预测阶段框中选择第二个选项，并在日期活动框中输入 2015 年 12 月，表示预测到 2015 年 12 月，其他为默认设置，单击【确定】按钮，选项设置如图 9-25 所示，主要运行结果如图 9-26 所示。

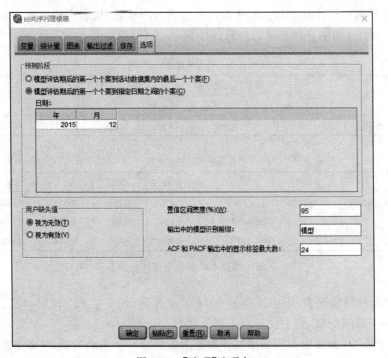

图 9-25 【选项】选项卡

图 9-26 是模型的描述表,表示的对"出口量"变量进行指数平滑法处理,使用的是 Winter 加法模型。

模型描述

		模型类型
模型ID	export 模型_1	Winters加法

图 9-26 模型描述表

图 9-27 是模型的拟合情况表,包含了八个拟合情况度量指标。

模型拟合

拟合统计量	均值	SE	最小值	最大值	百分位						
					5	10	25	50	75	90	95
平稳的R方	0.499	.	0.499	0.499	0.499	0.499	0.499	0.499	0.499	0.499	0.499
R方	0.930	.	0.930	0.930	0.930	0.930	0.930	0.930	0.930	0.930	0.930
RMSE	11.124	.	11.124	11.124	11.124	11.124	11.124	11.124	11.124	11.124	11.124
MAPE	15.564	.	15.564	15.564	15.564	15.564	15.564	15.564	15.564	15.564	15.564
MaxAPE	107.729	.	107.729	107.729	107.729	107.729	107.729	107.729	107.729	107.729	107.729
MAE	7.852	.	7.852	7.852	7.852	7.852	7.852	7.852	7.852	7.852	7.852
MaxAE	48.815	.	48.815	48.815	48.815	48.815	48.815	48.815	48.815	48.815	48.815
正态化的BIC	4.929	.	4.929	4.929	4.929	4.929	4.929	4.929	4.929	4.929	4.929

图 9-27 模型拟合度表

图 9-28 是模型统计量表和指数平滑法模型的各项参数,从表中数据可以看出模型的决定系数为 0.499,说明拟合模型可以解释原序列 49.9% 的信息。

模型统计量

模型	预测变量数	模型拟合统计量	Ljung-Box Q (18)			离群值数
		平稳的R方	统计量	DF	Sig.	
export-模型_1	0	0.499	18.959	15	0.216	0

指数平滑法模型参数

模型			估计	SE	t	Sig.
export-模型_1	无转换	Alpha (水平)	0.438	0.081	5.415	0.000
		Gamma (趋势)	0.104	0.057	1.835	0.069
		Delta (季节)	0.001	0.056	0.018	0.986

图 9-28 指数平滑法模型统计量和参数

图 9-29 是预测情况表,表中给出了 2014 年 1 月到 2015 年 12 月 "出口量" 变量的预测值、上区间和下区间的值,表中仅显示了部分数据。

对于每个模型,预测始于所请求估计期范围的最后一个非缺失值,结束于所有可用预测变量非缺失值的最后一个周期,或者结束于所请求预测期的结束日期,取两者中较早的

模型		一月 2014	二月 2014	三月 2014	…	十月 2015	十一月 2015	十二月 2015
export-模型_1	预测	193.77	196.10	213.54	…	338.11	356.63	367.28
	UCL	215.78	220.55	240.62	…	439.41	462.79	478.38
	LCL	171.76	171.66	186.46	…	236.82	250.47	256.19

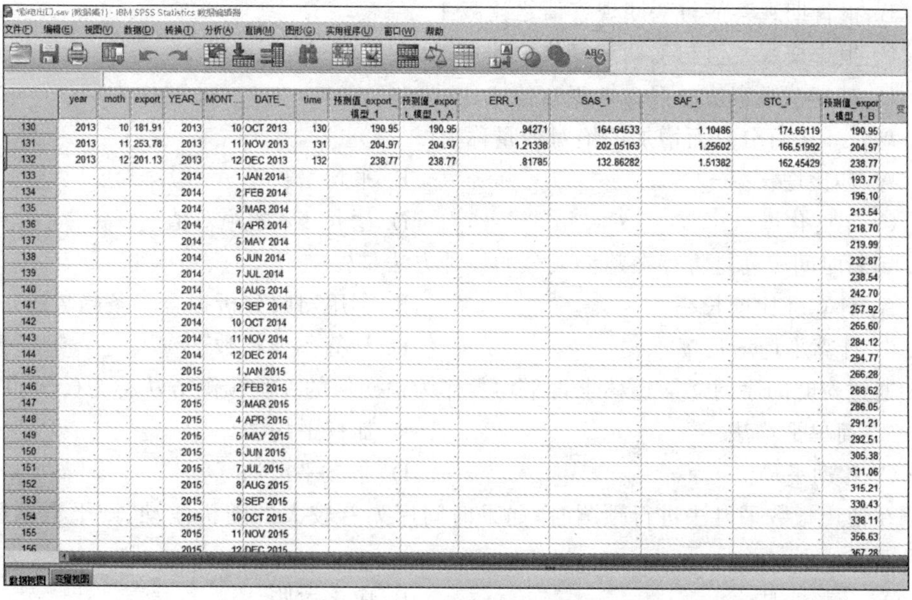

图 9-29　预测情况表

一个。

图 9-30 是观测值与预测值的时间序列图，图 9-31 是数据文件中保存的按指数平滑法预测的 2014 年到 2015 年的彩电出口量数据。

图 9-30　观测值与预测值的时间序列图

	year	moth	export	YEAR_	MONT...	DATE_	time	预测值_export_模型_1	预测值_export_模型_1_A	ERR_1	SAS_1	SAF_1	STC_1	预测值_export_模型_1_B
130	2013	10	181.91	2013	10	OCT 2013	130	190.95	190.95	.94271	164.64533	1.10486	174.65119	190.95
131	2013	11	253.78	2013	11	NOV 2013	131	204.97	204.97	1.21338	202.05163	1.25602	166.51992	204.97
132	2013	12	201.13	2013	12	DEC 2013	132	238.77	238.77	.81785	132.86282	1.51382	162.45429	238.77
133	.	.	.	2014	1	JAN 2014	.	.	.	.	.	.	.	193.77
134	.	.	.	2014	2	FEB 2014	.	.	.	.	.	.	.	196.10
135	.	.	.	2014	3	MAR 2014	.	.	.	.	.	.	.	213.54
136	.	.	.	2014	4	APR 2014	.	.	.	.	.	.	.	218.70
137	.	.	.	2014	5	MAY 2014	.	.	.	.	.	.	.	219.99
138	.	.	.	2014	6	JUN 2014	.	.	.	.	.	.	.	232.87
139	.	.	.	2014	7	JUL 2014	.	.	.	.	.	.	.	238.54
140	.	.	.	2014	8	AUG 2014	.	.	.	.	.	.	.	242.70
141	.	.	.	2014	9	SEP 2014	.	.	.	.	.	.	.	257.92
142	.	.	.	2014	10	OCT 2014	.	.	.	.	.	.	.	265.60
143	.	.	.	2014	11	NOV 2014	.	.	.	.	.	.	.	284.12
144	.	.	.	2014	12	DEC 2014	.	.	.	.	.	.	.	294.77
145	.	.	.	2015	1	JAN 2015	.	.	.	.	.	.	.	266.28
146	.	.	.	2015	2	FEB 2015	.	.	.	.	.	.	.	268.62
147	.	.	.	2015	3	MAR 2015	.	.	.	.	.	.	.	286.05
148	.	.	.	2015	4	APR 2015	.	.	.	.	.	.	.	291.21
149	.	.	.	2015	5	MAY 2015	.	.	.	.	.	.	.	292.51
150	.	.	.	2015	6	JUN 2015	.	.	.	.	.	.	.	305.38
151	.	.	.	2015	7	JUL 2015	.	.	.	.	.	.	.	311.06
152	.	.	.	2015	8	AUG 2015	.	.	.	.	.	.	.	315.21
153	.	.	.	2015	9	SEP 2015	.	.	.	.	.	.	.	330.43
154	.	.	.	2015	10	OCT 2015	.	.	.	.	.	.	.	338.11
155	.	.	.	2015	11	NOV 2015	.	.	.	.	.	.	.	356.63
156				2015	12	DEC 2015								367.28

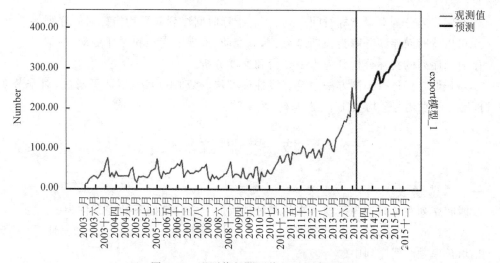

图 9-31　数据文件中的保存结果(部分显示)

思政点滴

　　时间序列是社会经济数据的常见形式,在改革开放以后,我国在社会各个领域包括金融、投资、消费乃至经济总量等时间序列数据的迅速增长,彰显了中国特色社会主义建设的辉煌成就,体现了中国的国力日益强盛、国家不断发展壮大。

本 章 小 结

　　1. 时间序列分析是运用时间序列的一系列动态指标,分析经济现象的变动过程和变动规律的一种动态方法。
　　2. 时间序列分为总量指标时间序列、相对指标时间序列和平均指标时间序列。
　　3. 可以将时间序列分解为长期趋势、季节变动、不规则变动和循环变动。
　　4. 时间序列的指标分析分为水平分析和速度分析。
　　5. 对长期趋势进行预测方法主要有线性模型法、移动平均法、指数平滑法,对季节变动进行预测方法主要有平均数比率法和趋势剔除法。

技 能 训 练

一、单选题

1. 时间序列在长时期内呈现出来的某种持续向上或持续向下的变动称为(　　)。
　　A. 趋势　　　　　　B. 季节性　　　　　　C. 周期性　　　　　　D. 随机性
2. 增长率是时间序列中(　　)。
　　A. 报告期观察值与基期观察值之比
　　B. 报告期观察值与基期观察值之比减 1
　　C. 报告期观察值与基期观察值之比加 1
　　D. 基期期观察值与报告期观察值之比减 1
3. 增长 1 个百分点而增加的绝对数量称为(　　)。
　　A. 环比增长率　　　　　　　　　　　B. 平均增长率
　　C. 年度化增长率　　　　　　　　　　D. 增长 1% 的绝对值
4. 判断时间序列是否存在趋势成分的一种方法是(　　)。
　　A. 计算环比增长率　　　　　　　　　B. 利用回归分析拟合一条趋势线
　　C. 计算平均增长率　　　　　　　　　D. 计算季节指数
5. 通过对时间序列逐期递移求得平均数作为预测值的一种预测方法称为(　　)。
　　A. 简单平均法　　　　　　　　　　　B. 加权平均法
　　C. 移动平均法　　　　　　　　　　　D. 指数平滑法
6. 在使用指数平滑法进行预测时,如果时间序列有较大的随机波动,则平滑指数 α 的取值(　　)。
　　A. 应该小些　　　　　　　　　　　　B. 应该大些
　　C. 应该等于 0　　　　　　　　　　　D. 应该等于 1

二、实训题

某企业从 1990 年 1 月至 2002 年 12 月的销售数据,见"销售.sav"。该数据共有按时间顺序的月销售纪录 156 个。请用 SPSS 软件操作。

(1) 创建企业销售的时间序列。
(2) 用最小二乘法测定长期趋势,拟合线性趋势方程,并进行趋势预测。
(3) 测定企业销售的季节变动规律。
(4) 用指数平滑法预测 2004 年的企业销售。

项目十

编制数据分析报告

学习目标

1. 了解数据分析报告的定义。
2. 掌握数据分析报告的写作原则及分类。
3. 掌握数据分析报告的结构。
4. 掌握撰写数据分析报告的注意事项。

如何撰写数据分析报告

小白通过数据说明表和数据统计图将线上吉他销售数据完美地展示给了领导,本以为会得到领导的肯定,结果领导说:"图表是很好看,可是我并不清楚背景,也看不到结论,光有图表能说明什么问题呢?"小白这才恍然大悟,他应该把数据分析过程做成报告给领导审阅,也就是常说的"数据分析报告"。

作为一名数据分析师,只会对数据进行分析是远远不够的,因为所有的分析最终都是为了解决业务问题,而大部分情况下展示对象并非分析专业人士,直接展示图表并不可行,需要恰当地把分析结果和建议使用易于理解和接受的方式进行传达,才能实现数据分析的最大价值。

任务一 认识数据分析报告

决策者可以通过数据分析报告来认识和了解事物,掌握相关信息。数据分析报告不仅可以对事物数据进行全方位的科学分析,还可以评估其环境和发展情况,从而为决策者提供科学、严谨的依据,以帮助决策者降低项目投资的风险。

一、数据分析报告概述

数据分析报告是研究报告中的一种,是根据数据分析原理和方法,运用数据来反映、研究和分析某个事物的现状、问题、原因、本质和规律,并得出结论,提出解决办法的一种分析应用文。

数据分析报告是项目可行性判断的重要依据,数据分析可以帮助决策者认清现状或者看清未来,是认清位置领域、拓展认知边界的一种方法。

数据分析报告实质上是一种沟通与交流的形式,以数据为基础,发现问题,说明事实,得出结论。数据分析报告的主要目的在于将分析结果、可行性建议以及其他具有价值的信息传递给决策者,帮助决策者对结果做出正确的理解与判断,并以此为依据做出有针对性、操作性、战略性的决策。

(一)数据分析报告的写作原则

一份完整的数据分析报告,应当围绕目标确定数据分析的范围,遵循一定的前提和原则。系统地反映事物存在的问题及造成问题的原因,帮助决策者找出解决问题的方法。数据分析报告的写作一般遵循以下 6 个原则,如图 10-1 所示。

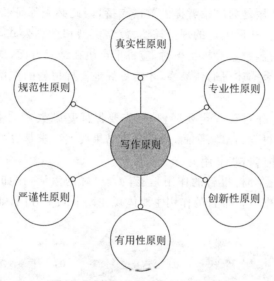

图 10-1 数据分析报告的写作原则

1. 规范性原则

数据分析报告中所使用的术语一定要规范,标准要统一、前后要一致,同时还要与行业中的专业术语保持一致。

2. 真实性原则

数据分析报告一定要保证数据和分析结果的真实性,在各项数据分析中,重点选取有真实性,合法性的指标,构建与其相关的数据模型,科学专业地对其进行分析,即使分析结果中有对决策者不利的影响因素,也要尊重事实。

3. 专业性原则

数据分析报告反映的是所分析对象的各种情况,传递的是分析的各种结果和信息,这要求数据分析报告应当具备较强的专业性。

(1)内容的专业性。内容的专业性是指采取的数据计算、分析方法必须专业,建立的各种数学模型必须行之有效。

(2)语言表述的专业性。数据分析报告结合了许多统计学的原理和方法,可能使用较多的专业术语和数据指标,这些内容如果需要使用,则必须遵从行业要求的描述,并做到前后统一,以体现报告的专业性。

(3)人员的专业性。分析数据和编制报告的人员应该具备相关的专业知识,能够充分运用所学的专业技术来完成数据的采集、整理、计算、分析,以及报告的编制等工作,这样才能进一步保证内容的专业性和语言表述的专业性。

4. 创新性原则

当今社会,"创新"是一个非常热门的词,技术、行业、商业模式日新月异,时时都有大量的创新方法或者研究模型从实践中被摸索、总结出来,数据分析报告要引入这些创新的想法,既可以使用实际结果去验证结论的对错,也可以帮助普及新的科研成果,使更多的人受益,发挥更大的价值。

5. 有用性原则

数据分析报告的作用是为决策者提供数据支持,因此必须保证报告内容的实用性。如果报告内容过于专业化,充斥大量的理论描述、数学模型和计算公式,报告的使用者则很难甚至无法阅读。因此编制数据分析报告时,应将重点放在结果方面,提供能够支撑结果的内容,并将分析过程和结果描述得通俗易懂,才能更好地发挥报告的作用。

6. 严谨性原则

数据分析报告的写作过程一定要谨慎,首先要保证基础数据的唯一性、真实性和完整性,其次分析过程必须科学、合理、全面,最后分析结果要实事求是、内容严谨可靠。

(二)数据分析报告的作用

对于个人而言,数据分析报告的作用是能让人更好的生活,比如记录自己的健康数据等。对于企业而言,数据分析报告的作用主要体现在以下三个方面,如图10-2所示。

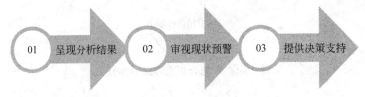

图 10-2　数据分析报告对企业的作用

1. 呈现分析结果

数据分析报告可以清晰地展示出分析结果,使得决策者迅速理解、分析、研究企业的基本情况,掌握基于现有情况给出的结论与建议,为企业优化原有业务流程、合理分配企业资源,进而为增加企业效益提供依据。

2. 审视现状预警

数据分析报告可以通过对数据分析方法的描述、对数据结果的处理与分析等几方面,展示现有业务的真实情况,帮助决策者更加清楚地认识企业的目前状态。因为数据分析的科学性与严谨性,数据分析在企业运营过程中发挥着"监督者"的作用,能够对业务运营过程中可能会出现的问题进行预警,帮助决策者解决处在"萌芽状态"的问题,防患于未然。

3. 提供决策支持

数据分析报告可以为决策者提供必要的决策支持。大部分数据分析报告都具有时效性,是决策者二手数据的主要来源。决策者可以利用数据查找发现人们思维上的盲点,在数据价值的基础上发现新的业务机会和创造新的商业模式,将数据价值直接转化为"金钱模式"或离金钱更近的过程。例如,腾讯、阿里巴巴等企业在其拥有广泛用户数据的基础上,分别成立了腾讯征信、芝麻信用等新的业务关联企业,而这些征信企业进一步衍生出相关"刷脸"业务,将其扩展到租车、租房等领域。

(三) 数据分析报告的分类

由于数据分析报告要解决的问题、针对的受众、业务场景、展现形式不同,因此存在不同形式的报告类型。

1. 按照要解决的问题分类

(1) 问题发掘型。基于数据呈现的结果,重点分析目前所产生的问题和预测未来会产生的问题。

(2) 事实展示型。报告以叙述说明为主,重点在于数据分析结果的展示,不进行关于问题的预测。

(3) 混合型。将事实展示与问题发掘相结合,既对客观事实呈现分析结果,也对问题进行深入探讨与预测。

2. 按照针对的受众分类

(1) 对内汇报型。一般用于企业内部对领导的汇报。

(2) 对内项目型。对内项目型是指与其他团队合作完成的报告。

(3) 对外分享型。这种报告篇幅不宜过长,重点突出结论。

(4) 对外提交型。注意这种报告需要提供较多的信息,但是要注意数据的安全性,需要隐藏敏感数据。

(5) 对外展示型。这是一种简短的、能够快速向潜在客户展示能力的报告,可以控制传播范围,同样需要注意数据的安全性。

(6) 对外发布型。主要针对C端的用户,与数据相关的内容较少,结论较多,要特别注重数据的安全性。

3. 按照业务场景分类

(1) 经营分析型。对企业经营状况进行分析,建立在大量的数据事实基础上,帮助企业管理层更好地把握企业运营的实际情况,辅助管理层做出正确的管理决策。

(2) 销售分析型。主要用于衡量和评估经理等人员所制订的计划销售目标与实际销售情况之间的关系,也用于分析各个因素对销售绩效的不同影响,如品牌、价格、售后服务、销售策略等。主要包括营运资金周转期分析、销售收入结构分析、销售收入对比分析、成本费用分析、利润分析、净资产收益率分析等。

(3) 运营分析型。企业通过因素分析、对比分析、趋势分析等方法,定期开展运营情况分析,发现存在的问题,及时查明原因并加以改进。

(4) 媒体分析型。媒体是广告最终与消费者接触的渠道,广告因消费者的媒体接触而产生效果。媒体既是广告作业的一部分,也是营销的延伸。媒体分析主要包括媒体选择、宣传方式、主要诉求等。

(5) 市场分析型。市场分析是对市场供需变化的各种因素及其动态、趋势的分析。市场分析采用适当的方法,探索、研究、分析市场变化规律,了解消费者对产品品种、规格、质量、性能、价格的意见和要求,了解市场对某种产品的需求量和该产品的销售趋势,了解产品的市场占有率和竞争单位的市场占有率情况。了解社会商品购买力和社会商品可供量的变化,并从中判断商品供需平衡的情况(平衡、供大于需或需大于供),为企业生产经营决策提供帮助。

(6) 学术分析型。学术分析针对系统和专门的学问进行分析,如高等教育和科学研究,或是对存在物及其规律进行分析。

(7) 产品分析型。产品分析型报告按照分析对象的性质划分,专指对产品的产量、品种、质量3个方面进行分析后形成的文字资料。

4. 按照展现形式分类

(1) 电子文档型。电子文档是经常使用的一种形式,通常以 Word 文件形式展现。

(2) PPT 型。PPT 也是常用的一种形式,表示演示文稿。

(3) 可视化图表型。可视化图表以交互或者非交互的形式进行展现,比如一些仪表盘。

(4) 媒体型(H5页面、视频等)。媒体型不是特别常用,成本较高。

5. 其他类型

专题分析型报告是对社会经济现象的某一方面或某一个问题进行专门研究的数据分析报告,它的主要作用是为决策者制订某项策略、解决某个问题提供参考和依据。专题分析报告有单一性和深入性两个特点。

二、数据分析报告的结构

数据分析报告有一定的结构,但是这种结构会根据公司业务需求的变化进行调整。但是,经典的结构还是"总—分—总"结构。即发现问题、分析问题、解决问题,它主要包括开篇、正文和结尾3个部分。

开篇包括标题和背景介绍,正文一般包括数据获取说明、现状描述分析和建模分析,结尾主要包括结论与建议、附录。

(一)标题

任何文章都需要标题,数据分析报告也一样。好的标题不仅可以表现数据分析的主题,而且要能够引起读者的阅读兴趣。数据分析报告的标题应精简干练,根据版面的要求长度应不超过两位。

1. 常见标题类型

常用的标题类型有以下四种。

(1) 解释型标题。解释型标题可用来解释数据分析报告的基本观点,如"销售业务是公司发展的基础""不可忽视潜在客户的价值"等。

(2) 概括型标题。概括型标题可叙述报告反映的事实,概括分析报告的主要内容,如"2018年我国离婚率增长153%""2017年吉林省居民消费价格指数涨幅回落"等。

(3) 交代型标题。交代型标题可交代分析的主题,不阐明分析师的观点,如"2015年我国主要城市旅游接待情况分析""2016年高校招生对比分析"等。

(4) 提问型标题。提问型标题以提问的方式来点明数据分析报告中的问题,从而引发读者的阅读兴趣,这种类型的标题可以使读者做好阅读前的思考准备,如"公司客户流失的原因何在?""结婚率出现历史新低是如何造成的?"等。

2. 拟定标题时需注意的方面

在拟定标题时需要注意以下三个方面。

（1）研究问题要聚焦。数据分析报告讲究实用性，要为决策者提供服务，因此标题的语言一定要简单明了。当我们确定要分析的行业或者领域之后，需要进一步聚焦这个行业或者领域中的某个话题。例如，不能把"旅游"行业直接作为研究问题，因为这是一个很宽泛的话题，除非我们要写一个旅游行业的研究报告，如何进一步聚焦呢？可以先了解一下旅游行业都包含哪些因素，有住宿、交通、餐饮、目的地等。我们应该先选定因素，例如站在目的地的角度去思考问题，目的地是什么，什么时候人少又便宜？再结合数据与建模来分析。如题目"想在游客稀少的时候去三亚，有这些小方法"。

（2）表达明确。除了要聚焦研究的问题，数据分析报告还需要有一个好标题，能够使决策者通过标题大概了解报告研究的内容。例如，"数据分析岗位招聘情况及薪资影响因素分析""世界这么大，想去哪儿看看——在线旅游产品销售分析""听见好时光——网易云音乐歌单受欢迎程度分析"等，这些题目能够准确表达报告所研究的内容。

（3）内容简洁。要使用较少的文字概括较多的内容，标题应有高度概括性，使用的文字应有鲜明的指向性，使决策者第一时间能准确掌握报告的内容。

除以上三个方面外，我们在制作标题时还应该讲究标题的艺术性，即对分析对象展开合理的联想，运用恰当的修辞方法为标题增色，使标题"新鲜活泼"、独具特色。

（二）背景介绍

背景介绍属于数据分析报告中的开篇部分，有着非常重要的作用，因为背景介绍的作用是使读者明白研究的原因及意义。背景介绍的写作一定要深思熟虑，并且保证分析内容的正确性，它对最终报告是否能解决业务问题，能否为决策者提供有效依据起巨大作用。

背景介绍包括行业概述、发展趋势、现存问题以及研究目的等。在撰写背景介绍前，作者首先要阅读足够多的关于相关业务的资料，充分了解要分析的行业，包括行业的现状、存在的问题以及行业的发展趋势。其次背景介绍的内容必须具有逻辑性，具备层层递进的关系。最后，背景介绍要阐明作者所要研究的问题以及研究目的。

想要写好背景介绍首先需要有足够的知识积累，可以搜集大量的资料来了解行业的业务，最好有研究报告的支撑，运用里面的统计图表能够使研究的内容具有说服力，同时也需要好的文字功底，避免观点没有逻辑和赘述内容，段落之间需要有衔接，文字书写要规范。

（三）正文

正文是数据分析报告的核心部分，需要系统、全面地表达分析过程和结果。正文一般包括三个部分。

1. 数据获取说明

俗话说"巧妇难为无米之炊"，数据分析报告中的数据是基础，通常获取数据的方式有三种：利用产品自有数据、调查问卷及外部（如互联网）数据导入。分析报告中要交代清楚数据的来源以及数据的基本情况，可以通过前面介绍过的数据说明表来展示。

2. 现状描述分析

数据分析报告是通过展开论题，对论点进行分析论证，从而表达报告撰写者的见解和研究成果的核心，然后描述分析部分需要围绕因变量和自变量，用统计图表初步进行数据可视化，再利用统计指标对数据进行描述，最后解读描述结果。在进行描述分析时，一是要注意统计图表选择的准确性，不同数据类型需要使用不同的统计图表展示，具体方法已经在前面章节有所介绍；二是要注意统计图形的规范性以及整体排版；三是要注意不能单纯地展示分析结果,如果缺乏解读,再美观的统计图表也是没有意义的,所以需要学会图表的解读,学会"讲故事"。

3. 建模分析

撰写报告正文时,不仅要包含描述分析、展示统计图表和统计指标,还需要为数据建模。模型具有解读和预测两大作用,可以帮助决策者更清晰地认识问题和预测可能发生的问题。数据分析报告需要科学严谨的论证,才能确认观点的合理性和真实性,使人信服。正文是报告中最长的主题部分,包含所有数据分析的事实观点。所以在进行正文加工时特别需要注意各个部分之间的衔接和逻辑关系,同样还要注意图表的美化与报告的风格一致。

(四) 结论与建议

报告的结论是对整个报告的综合与总结,是得出结论、提出建议、解决矛盾的关键。好的结论与建议可以帮助读者加深认识、明确主旨、引发思考。

结论是以数据分析结果为依据得出的分析结果,它不是简单的重复,而是对数据分析报告中前面内容的总结与提炼,再结合其相关业务,经过综合分析、逻辑推理形成的总体论点。结论应该首尾呼应,措辞严谨、准确。

建议是根据数据分析结论对决策者或者业务等面临的问题而提出的改进方法,建议主要关注现有状况的改进以及是否继续保持优势。但是要注意一点,因为建议是根据数据分析结论而来的,所以具有一定的局限性,因此必须结合具体的相关业务才能得出切实可行的建议。

所有的结论与建议都不能脱离实际业务。

(五) 附录

附录是数据分析报告的组成部分。附录包含正文涉及而未进行详细阐述的相关资料,也可以是正文中内容的延伸与深入,如报告中所涉及的专业名词解释、计算方法、重要的原始数据、地图等。与其他论文相同,附录需要有编号。

附录作为数据报告的补充部分,不要求必须有,可以根据情况而定。

三、编制数据分析报告的注意事项

了解数据分析报告的结构后,下面涉及的就是如何才能写出一份好的数据分析报告,以及编制报告有哪些事项需要注意,如图10-3所示。

1. 排版简洁

有了清晰的逻辑和严谨的表达还不够,一份好的数据分析报告还应该具备简洁的外观。包括排版的细节。段落的划分要长度适中,切忌过长或过短。

图表和文字穿插排版:图表要有标题和图号,图的标题在下方、表的标题在上方。太大的图表、方法原理的介绍和公式等都可以放在附录中。如果出现文字比较集中的段落,可以将字体加粗来突出中心思想。

图 10-3 编制数据分析报告的注意事项

2. 分析合理

数据分析报告的价值主要在于为决策者提供所需要的信息,并且这些信息能够解决他们的问题。数据分析报告不仅要基于数据分析问题,还要结合公司的具体业务,这样才能得出可操作的建议,一切脱离业务的分析都是"纸上谈兵"。因此,分析结果需要与分析目的紧密结合,切忌远离目标的结论和不现实的建议。

3. 表达严谨

严谨的表达是一份数据分析报告的基础要求,其中包括言语平实,避免强烈情感、华丽辞藻和夸张词汇;尊重规范,公式和图表要合乎规范,专业术语应该辅以简要解读;图文并茂,善用统计图、表格、流程图,同时配备内容明确的标题和适当的文字解读;科学引用,尊重他人劳动成果,给出文献列表或者采取脚注方式标明材料来源。

4. 逻辑清晰

一份合格的数据分析报告不仅需要明确、完整的结构,还要呈现清晰、简洁的分析结果。报告的逻辑分为两个层面:报告的结构和段落之间的衔接。数据分析报告的结构一般有固定的格式,前面也有详细的介绍,这里不再赘述;关于段落之间的衔接,首先,建议使用一个段落集中来表达一个中心思想。其次,要学会梳理段内逻辑,常用的逻辑包括先分后总、先总后分、先总后分再总。常用的组织逻辑包括并列、递进、转折等。切忌段落之间只是罗列,缺少逻辑关系。

数据分析报告是数据分析成果的整理和展示,就像是一个人的精神面貌。数据分析报告撰写的好坏往往决定了读者对你的第一印象甚至是唯一印象。现实中,每个值得研究的问题可能都有成千上万的人来研究,撰写数据分析报告是你征得读者信任的非常重要的手段,所以掌握数据分析报告撰写的方法是非常重要的。

任务二 编制数据分析报告

【案例 10-1】 请根据本章数据"手机数据.xlsx",利用 SPSS 完成对手机数据的竞品分析,并编制竞品数据分析报告。

小米手机竞品数据分析报告

摘要:本案例以小米手机为例,通过对智能手机市场以及发展趋势的分析,找到与小米手机势均力敌的竞争对手 vivo,再通过品牌战略分析、需求分析和产品自身的性能分析,来找出小米手机的优势和劣势,以助未来改进产品、提升品牌竞争力。

一、背景介绍

近几年,中国智能手机行业蓬勃发展,手机更新频繁,手机产量持续增加,随着 5G 时代的到来和产品关键性能升级,人们的消费态度也发生了改变,开始逐步追求高品质的物质,促进了智能手机的消费。2018 年国内手机存量市场份额最大的仍然是苹果,占比 28.90%,华为占比 17.10%。近年来国产品牌手机的占比持续上升,华为在 2018 年的市场占有率达到 26.39%,OPPO 和 vivo 占有率之和达到将近 40%。中国巨大的市场需求给国产手机品牌的崛起创造了更多的机会,国内分销市场代理国内品牌的比例也普遍上升。

5G 作为第 5 代移动通信技术,相比 4G 来说,其最高理论传输速度可达数 2.5Gbit,快了将近数百倍,基于作为移动互联入口的智能手机与人类生活深度融合,5G 手机有望开启智能手机的高速物联时代。根据调查显示,2018 年中国智能手机市场再次出现下滑,总出货量有 397.7 万台,同比 2017 年降低 10.5%,但中国前四大智能手机品牌的出货量同比增幅都明显高于行业平均水平。若以目前的同比增幅预测,未来华为、OPPO、vivo 和小米的市场占有率都将进一步增长。在 2018 年中国智能手机市场中,华为的当期出货量和出货量同比增幅都位列第一,是当之无愧的业内标杆。相比之下,小米的出货量只有华为的一半,OPPO 和 vivo 的出货量势均力敌,但 vivo 要比 OPPO 更具备增长潜力。

2018 年,小米是全球第四大智能手机制造商,在 30 余个国家和地区的手机市场进入了前五名,特别是在印度,连续 5 个季度保持手机出货量第一。即使这样,在这片危险与机会并存的"红海市场"中,小米若想继续保持自己的地位甚至谋求进一步的发展就必须变得更加敏感、迅速,看清时代的"流向",寻找消费者购买欲的触碰点,在许多人的眼中,小米手机或许并不完美,却有其独特的魅力。随着科技的进步,小米的产品随用户的需求而改变,它总能用一些看似简单却十分贴心的设计和较低的定价感动许许多多的"米粉"。"感动人心,价格厚道",这或许就是小米能成为一家少见的拥有"粉丝文化"的高科技公司的原因。

综合以上分析,从数据显示来看,小米的竞争对手就是与它相近的 vivo,可谓是势均力敌。为此,本报告以小米手机为分析对象,通过大量的数据收集和数据处理工作,对 vivo 手机与小米手机从多个层面进行对比分析,以对比产品功能来提升产品的竞争力。

二、数据采集说明

本报告使用的是来自京东商城小米手机和 vivo 手机的相关数据,清理与整理后的数据共 1117 条,数据采集时间为 2021 年 3 月。数据共包含 10 个变量,包含 5 个连续变量、5 个定性变量,变量说明如数据说明表 10-1 所示。

表 10-1 数据说明表

变量类型	变量名称	取值范围	备注
定性变量	CPU 型号	骁龙、Helio,共 2 个水平	影响手机运行的重要组件
	运行内存	2、3、4、6、8、12,其他,共 7 个水平	手机运行的内存容量
	前摄像素	举例共 10 个水平	前置摄像头的像素
	后摄像素	举例共 11 个水平	后置摄像头的像素
	分辨率	共 5 个水平	屏幕的清晰程度
连续变量	价格	13.9~19999	单位:元
	累计评价	0~91000	单位:条
	机身重量	100~1000	单位:g
	屏幕尺寸	2.4~7.42	单位:英寸
	电池容量	760·5500	单位:mA(typ)

三、描述分析

(一)因变量:价格

接下来要考察影响手机价格的因素有哪些,因此可以将因变量设为手机的价格。从图 10-4 可以看出,小米手机和 vivo 手机的价格分布是呈右偏分布的。具体地,最小值和最大值分别为 19999 和 13.9,大部分价格集中在 0~625 之间。这一现象符合我们的认知,即少数高价手机拉高了手机的平均价格。

(二)自变量

自变量主要包括机身重量、运行内存、前摄像素、后摄像素、屏幕尺寸分辨率和电池容量

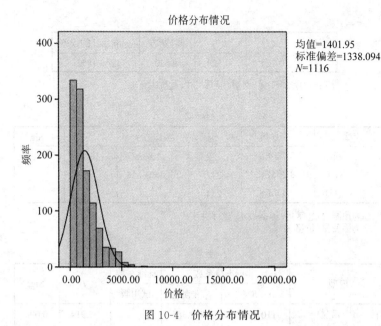

图 10-4　价格分布情况

等都有可能成为影响手机价格的因素。

四、建模分析

通过上述的对于自变量和因变量的描述，结合生活实际情况，结合市场调查，我们可以发现，当代年轻人在进行手机选择的时候，对于手机内存和屏幕尺寸这两个因素比较关注，因此我们可以认为自变量当中影响价格比较明显的是手机内存和屏幕尺寸。将手机内存和屏幕尺寸者作为自变量，将价格作为因变量，建立多元线性回归模型进行分析，由于自变量有两个，因此可以设定为二元线性回归模型。

手机数据建模分析

在数据分析的过程中，由于 SPSS 读取的数据价格、手机内存和屏幕尺寸都是字符串型变量，因此要将这两个变量在变量视图中定义为数值型，另外为了方便进行回归分析，将其中手机内存为其他内存和屏幕尺寸为其他的个案删除，将剩下的个案进行回归分析，经过 SPSS 回归分析的结果如图 10-5 所示。

从以上分析结果中可以看出，可决系数 R^2 较低，为 0.524，说明模型的拟合程度较低，残差平方和占总平方和的比重较高，SPSS 的分析结果为常数项为 -11013.827，运行内存的回归系数为 345.972，质量尺寸的回归系数为 1731.696。常数项和回归系数的 p 值 = 0.000 < 0.05，因此在 5% 的显著性水平之下，常数项和两个回归系数都是显著的。通过以上分析，我们现在可以写出运行内存、屏幕尺寸与价格的二元线性回归方程为

$$y = -11013.827 + 345.972x_1 + 1731.696x_2$$

另外，构建标准化方程为

$$y = 0.481x_1 + 0.324x_2$$

五、竞品分析

（一）品牌战略分析

从表 10-2 可以看出，在线下市场方面，小米表现得不太好。在小米公司刚成立时，就制

模型汇总

模型	R方	R方	调整R方	标准估计的误差
1	0.724[a]	0.524	0.520	1265.18529

注：a为预测变量：常量，屏幕尺寸，运行内存。

Anova[b]

模型		平方和	df	均方	F	Sig.
1	回归	3.736E8	2	1.868E8	116.708	0.000[a]
	残差	3.393E8	212	1600693.816		
	总计	7.130E8	214			

注：a为预测变量：常量，屏幕尺寸，运行内存。
b为因变量：价格

系数[a]

模型		非标准化系数		标准系数	t	Sig.
		B	标准误差	试用版		
1	(常量)	−11013.827	1862.385		−5.914	0.000
	运行内存	345.972	42.567	0.481	8.128	0.000
	屏幕尺寸	1731.696	316.026	0.324	5.480	0.000

注：a为因变量：价格

图 10-5　模型分析结果汇总

定了网络销售的战略，虽然发展得不错，但还是被OPPO和vivo瓜分了一部分市场份额，在手机定位方面，小米刚开始的定位就是性价比高，导致稍微把手机的价格提高一点，就可能不会有太多消费者选择；在手机外观方面，消费者一般都比较注重手机外观，尤其是女性消费者，如果手机的外观不好看，再好的性能与配置她们也可能不会考虑，vivo手机在外观上的做工非常精细，非常看重外观设计，所以这也是小米手机应该提升的地方；在营销方式上，小米喜欢通过饥饿营销的方式，来提升品牌的知名度，虽然这是有好处的，但也有很多消费者并不买账。

表 10-2　小米和vivo品牌战略分析表

品　　牌	小　　米	vivo
线下市场	相对不重视	相对重视
手机定位	性价比高	注重配置与性能
手机外观	做工不够细致	做工细致
营销方式	饥饿营销	供货充足

（二）需求分析

中国智能手机用户更注重生活格调和品质，喜欢出门探索景色和美食，对品牌有一定的忠诚度，对新科技产品也有一定的购买欲。

(三) 产品性能分析

1. 运行内存

小米手机和 vivo 手机的运行内存都集中在 4GB 和 6GB，小米手机运行内存为 8GB 的产品占比低于 vivo 手机的 23%，小米应该提高手机运行的流畅度，即加大内存、带给用户更好的体验。

2. 前摄像素

小米手机和 vivo 手机的前摄像素都集中在 1600 万～3200 万像素，在此范围内小米手机前摄像素的占比基本与 vivo 持平，但是在大于 3200 万像素的档次中，小米手机的 2% 明显低于 vivo 手机的 8%，vivo 手机在像素这个方面还是更出色一点。

3. 后摄像素

小米手机和 vivo 手机的后摄像素基本都集中在 1600 万～3200 万像素，在此范围内小米手机的后摄像素的占比基本与 vivo 手机的持平，但是在大于 3200 万像素的档次中，小米手机的 4% 远低于 vio 手机的 17%，vivo 手机在像素方面的追求，不愧是"照亮你的美"。

4. 分辨率

两个品牌的产品均集中在高清＋、全高清＋范围中，而且差异不大，在超高清中，两者占比也几乎相同。随着大屏手机的发展，用户对手机清晰度和真实度的要求也逐渐提升，小米也在逐步突破手机分辨率的"天花板"。

5. 屏幕尺寸

两个品牌手机的屏幕尺寸大部分都在 6.0in(1in＝2.54cm)以上，而小米手机的屏幕尺寸还有在 7in 以上的。屏幕尺寸的差异会导致用户体验差异，并且大屏幕可能是智能手机的发展趋势。小米应当再接再厉，探索大屏幕且成本低的配置组合，开拓新市场。

6. 电池容量

小米手机仍有小部分产品的电池容量为 500～2000mA·h，且电池容量为 4000～5000mA·h 的产品只占 17%，比 vivo 手机低了 26%。根据企鹅智酷的调查，用户最希望手机提高的性能之一是续航能力，因此增大手机产品的电池容量和减小耗电量应该是小米产品改进的一个重要目标。

7. 价格

两个品牌的手机价格大部分都集中在 1001～3000 元，且价格为 3001～5000 元的小米手机只占 5%，低于 vivo 手机的 16%。虽然小米追求的是性价比高，但是也应该适当地提升价格较高的产品占比。

8. 累计评价量

47% 的小米手机累计评价量为 10001～50000 条，虽然低于 vivo 手机的 58%，但是在 50001～100000 条这个区间内，小米手机的占比是高于 vivo 手机的，累计评价量在某种程度上可以看作销售量，说明小米手机的销量还是不错的。

六、结论与建议

通过以上对智能手机行业发展情况的介绍以及从战略、市场和产品三个维度对小米手机和以 vivo 手机为代表的竞品分析，得出以下两方面的结论和建议。

(一) 提升品牌竞争力

小米由于初期定位的问题和自主研发能力的欠缺，目前正面临严峻的发展瓶颈，应通过企业转型和战略调整来扩大市场规模,增加利润来源,以坚守企业核心价值观,具体方向如下。

(1) 加大技术研发投入,降低外部技术引入的成本,在维持自己"性价比高"口碑的前提下,保证预期的利润率。

(2) 适当提高定价,由于用户消费态度的转变和可能增加的智能手机购买预算,小米在保证手机质量的情况下适当提高价格并不会给用户增加过大的经济负担,也不会对品牌形象有较大影响。

(3) 提高品牌的社会影响力,增加线下门店数量,加强品牌文化建设,使用户有机会更深入地理解和认同小米的企业文化,提高用户的忠诚度。

(二) 根据市场反馈结果优化产品功能,小米当前手机功能的优化方向和优先级如下。

(1) 以增加手机的电池容量、提升续航能力为产品优化的首要目标,满足用户对手机性能提升的紧迫要求。

(2) 提高前摄像素和后摄像素,以满足消费者日益增长的拍照需求。

(3) 优化外观设计,制作既有"内涵",又有颜值的手机;同时大力宣传运行内存的优势,凸显自己的特点。

思政点滴

数据分析的最终目的是完成数据分析报告,数据分析报告也是从许多不同的维度对原始数据进行分析,包括数据导入,数据预处理,描述性分析,建模分析,等等。因此我们在进行数据分析的时候要时刻秉承着全面地准则,用总体的眼光来进行,不能只着眼于数据分析的某一个角度,从而导致数据分析的片面。

本章小结

1. 数据分析报告的写作原则包括规范性原则、真实性原则、创新性原则、有用性原则、专业性原则、严谨性原则。
2. 数据分析报告的作用主要有呈现分析结果、审视现状预警、提供决策支持。
3. 数据分析报告按照解决的问题、针对的受众、业务场景、展现形式等标准可以有多种分类。
4. 数据分析报告的结构包括标题、背景介绍、正文、结论与建议、附录等。
5. 编制数据分析报告要注意逻辑清晰、表达严谨、分析合理、排版简洁。

技 能 训 练

一、单选题

1. 以下不属于编制数据分析报告的原则的是(   )。
   A. 规范性原则   B. 真实性原则
   C. 华丽性原则   D. 创新性原则

2. 以下不属于数据分析报告的作用的是( )。
   A. 呈现分析结果　　　　　　　　B. 审视现状预警
   C. 提供决策支持　　　　　　　　D. 提高经营业绩
3. 将数据分析报告分为问题发掘型、事实展示型、混合型是根据( )分类。
   A. 要解决的问题　　　　　　　　B. 针对的受众分类
   C. 业务场景　　　　　　　　　　D. 展现形式
4. 以下不属于编制数据分析报告需要注意的事项的是( )。
   A. 逻辑清晰　　　　　　　　　　B. 表达严谨
   C. 语言优美　　　　　　　　　　D. 排版简洁

二、实训题

请根据数据分析报告编制的原则以及结构，自行收集调查数据，编制一份数据分析报告。

附录 正态分布分位数表

z_p	0.00	0.01	0.02	0.03	0.04	0.05	0.06	0.07	0.08	0.09
0.0	0.5000	0.5040	0.5080	0.5120	0.5160	0.5199	0.5239	0.5279	0.5319	0.5359
0.1	0.5398	0.5438	0.5478	0.5517	0.5557	0.5596	0.5636	0.5675	0.5714	0.5753
0.2	0.5793	0.5832	0.5871	0.5910	0.5948	0.5987	0.6026	0.6064	0.6103	0.6141
0.3	0.6179	0.6217	0.6255	0.6293	0.6331	0.6368	0.6404	0.6443	0.6480	0.6517
0.4	0.6554	0.6591	0.6628	0.6664	0.6700	0.6736	0.6772	0.6808	0.6844	0.6879
0.5	0.6915	0.6950	0.6985	0.7019	0.7054	0.7088	0.7123	0.7157	0.7190	0.7224
0.6	0.7257	0.7291	0.7324	0.7357	0.7389	0.7422	0.7454	0.7486	0.7517	0.7549
0.7	0.7580	0.7611	0.7642	0.7673	0.7703	0.7734	0.7764	0.7794	0.7823	0.7852
0.8	0.7881	0.7910	0.7939	0.7967	0.7995	0.8023	0.8051	0.8078	0.8106	0.8133
0.9	0.8159	0.8186	0.8212	0.8238	0.8264	0.8289	0.8355	0.8340	0.8365	0.8389
1.0	0.8413	0.8438	0.8461	0.8485	0.8508	0.8531	0.8554	0.8577	0.8599	0.8621
1.1	0.8643	0.8665	0.8686	0.8708	0.8729	0.8749	0.8770	0.8790	0.8810	0.8830
1.2	0.8849	0.8869	0.8888	0.8907	0.8925	0.8944	0.8962	0.8980	0.8997	0.9015
1.3	0.9032	0.9049	0.9066	0.9082	0.9099	0.9115	0.9131	0.9147	0.9162	0.9177
1.4	0.9192	0.9207	0.9222	0.9236	0.9251	0.9265	0.9279	0.9292	0.9306	0.9319
1.5	0.9332	0.9345	0.9357	0.9370	0.9382	0.9394	0.9406	0.9418	0.9430	0.9441
1.6	0.9452	0.9463	0.9474	0.9484	0.9495	0.9505	0.9515	0.9525	0.9535	0.9535
1.7	0.9554	0.9564	0.9573	0.9582	0.9591	0.9599	0.9608	0.9616	0.9625	0.9633
1.8	0.9641	0.9648	0.9656	0.9664	0.9672	0.9678	0.9686	0.9693	0.9700	0.9706
1.9	0.9713	0.9719	0.9726	0.9732	0.9738	0.9744	0.9750	0.9756	0.9762	0.9767
2.0	0.9772	0.9778	0.9783	0.9788	0.9793	0.9798	0.9803	0.9808	0.9812	0.9817
2.1	0.9821	0.9826	0.9830	0.9834	0.9838	0.9842	0.9846	0.9850	0.9854	0.9857
2.2	0.9861	0.9864	0.9868	0.9871	0.9874	0.9878	0.9881	0.9884	0.9887	0.9890
2.3	0.9893	0.9896	0.9898	0.9901	0.9904	0.9906	0.9909	0.9911	0.9913	0.9916
2.4	0.9918	0.9920	0.9922	0.9925	0.9927	0.9929	0.9931	0.9932	0.9934	0.9936
2.5	0.9938	0.9940	0.9941	0.9943	0.9945	0.9946	0.9948	0.9949	0.9951	0.9952
2.6	0.9953	0.9955	0.9956	0.9957	0.9959	0.9960	0.9961	0.9962	0.9963	0.9964
2.7	0.9965	0.9966	0.9967	0.9968	0.9969	0.9970	0.9971	0.9972	0.9973	0.0074
2.8	0.9974	0.9975	0.9976	0.9977	0.9977	0.9978	0.9979	0.9979	0.9980	0.9981
2.9	0.9981	0.9982	0.9982	0.9983	0.9984	0.9984	0.9985	0.9985	0.9986	0.9986
3.0	0.9987	0.9990	0.9993	0.9995	0.9997	0.9998	0.9998	0.9999	0.9999	1.0000

参 考 文 献

[1] 贾俊平. 统计学——基于SPSS[M]. 4版. 北京：中国人民大学出版社，2019.
[2] 谢富生，徐礼礼，翁跃明. 统计大数据及应用[M]. 上海：立信会计出版社，2020.
[3] 李金德，欧贤才，秦晶，等. SPSS在会计和财务管理中的应用[M]. 北京：清华大学出版社，2017.
[4] 王浩，陆璐. 统计学——原理与SPSS应用[M]. 2版. 北京：机械工业出版社，2018.
[5] 王宝海，王坚. 统计学原理[M]. 北京：中国农业出版社，2019.
[6] 薛薇. 统计分析与SPSS的应用[M]. 5版. 北京：中国人民大学出版社，2017.
[7] 张文彤，邝春伟. SPSS统计分析基础教程[M]. 2版. 北京：高等教育出版社，2011.
[8] 张文彤. IBM SPSS数据分析与挖掘实战案例精粹[M]. 北京：清华大学出版社，2013.
[9] 汪冬华. 多元统计分析与SPSS应用[M]. 上海：华东理工大学出版社，2010.
[10] 赖流滨，崔冬梅，叶爱华. 经济管理数据统计分析——SPSS 22.0操作与应用[M]. 长沙：湖南人民出版社，2016.
[11] 朱德军，仲崇丽，张胜南. 数据分析基础与实践（微课版）[M]. 北京：人民邮电出版社，2022.
[12] 宁赛飞，李小荣. 数据分析基础[M]. 北京：人民邮电出版社，2018.
[13] 谢文芳，胡莹，段俊，等. 统计与数据分析基础（微课版）[M]. 北京：人民邮电出版社，2021.